KB061672

아기 상군 해녀

아기 상군 해녀

초판 1쇄 인쇄일 2015년 12월 31일
초판 1쇄 발행일 2016년 1월 8일

지은이 장영주
펴낸이 양옥매
디자인 최원용
교 정 조준경

펴낸곳 도서출판 책과나무
출판등록 제2012-000376
주소 서울특별시 마포구 월드컵북로 44길 37 천지빌딩 3층
대표전화 02.372.1537 **팩스** 02.372.1538
이메일 booknamu2007@naver.com
홈페이지 www.booknamu.com
ISBN 979-11-5776-142-5(03980)

이 도서의 국립중앙도서관 출판시도서목록(CIP)은 서지정보유통지원 시스템 홈페이지(http://seoji.nl.go.kr)와 국가자료공동목록시스템 (http://www.nl.go.kr/kolisnet)에서 이용하실 수 있습니다.
(CIP제어번호 : CIP2015035736)

* 본 책자는 출판비의 일부를 제주시의 지원을 받았습니다.

*저작권법에 의해 보호를 받는 저작물이므로 저자와 출판사의 동의 없이 내용의 일부를 인용하거나 발췌하는 것을 금합니다.

*파손된 책은 구입처에서 교환해 드립니다.

아기 상군 해녀

한국해양아동문화선집

-1-

장영주 지음

C O N T

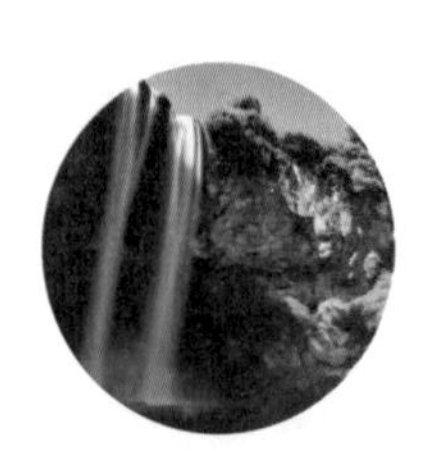

E N T S

프롤로그

이 책은『한국해양아동문화선집』시리즈 1권으로 만들어 졌다. 한국해양아동문화란 한국해양 문학, 사진, 미술, 극본, 애니메이션, 여행, 표류, 표착 등 다양한 분야에서 아동과 관련이 있는 문화적 요인을 다루는 것을 뜻한다. 또한 물과 관련이 있는 습지, 강, 연못, 염전, 우물, 발전소, 항구, 폭포, 바닷길, 홍수 등에서 아동과 관련된 자료를 연구하고 보고서를 한데 모아 책을 발간하며 실제 발생지 체험 프로그램을 운영 하게 될 한국해양아동문화연구소를 구성하기 전 스펙트럼(실적) 자료이다.

이 책은 한국해양아동문화 발전을 위해 해양아동문학, 사진, 연구물, 보고서 형태로 만들어 졌기에 주 독자층은 학생들이 되겠지만 동심을 추구하는 아름다운 마음을 공유한다는 차원에서 전 국민 모두가 될 것이다. 특히 이어도, 제주해녀, 숨은물뱅듸습지, 생태관광에 대한 자료를 후면(에필로그)에 부록 형태로 수록함으로써 해양아동문화의 의미를 더해 주려 함이다.

이어도는 단순히 설화에 나타나는 섬이 아니다. 국가적으로 매우 중요한 의미를 지니는 해중 섬이다. 제주해녀는 단순한 지역 일꾼이 아니다. 제주해녀 문화(이 책에는 「해녀 시조」란 제목으로 제주해녀가 탄생하기까지의 설화를 수록 하였다)는 유네스코 인류무형문화유산 등재 여부가 국가적으로도 아주 중요하다. 그리고 숨은물뱅듸습지는 단순한 습지가 아니다. 람사르습지에 등록된 한국의 환경 보물이다. 이는 생태관광자원으로 가치가 높은 편이다. 그렇기에 이 책에서는 이에 대한 자세하고 중요한 정보를 제공하여 독자들의 이해를 돕고자 한다.

이어도는 제주도에서는 '설화의 섬'으로서 문학작품에 자주 등장하고, 해녀들의 문화가 서린 곳이기도 하다. 이어도는 중국 · 동남아 및 유럽으로 항해하는 주 항로가 이어도 인근을 통과하는 등 지정학적으로도 아주 중요한 의미를 지니기 때문에 중국에서는 이어도를 탐내어 자국의 영토로 삼으려고 분쟁을 조성하고 있다. 그러므로 정부는 '이어도의 날'을 제정하여 주변국들에게 이어도가 한국에서 관리하는 해중 섬이라는 이미지를 심어 주는 것이 필요하다고 본다. 이어도는 제주도 주변에 있으므로 제주도에서는 많은 관심을 갖고 있으며, '이어도의 날'을 제정하기 위하여 제주도민들이 노력하고 있다.

특히 2015년 이어도의 날 선포식 때 이야기보따리를 풀어 놓은 이어도 스토리가 「아기 상군 해녀」에 잘 녹아 있는데 제주해녀의 삶과

애환을 담은 제주해녀 문화를 세계인류무형문화유산으로 등재하려는 운동에 많은 기폭제가 될 것이다.

숨은물뱅듸는 람사르습지에 등록되어 있으며, 생물다양성 보전을 위해 국제적으로 중요한 지역임을 알리기 위하여 「숨은물뱅듸」란 소제목으로 꾸며 봤으며, 이는 1박 2일로 유명세를 타고 있는 엉또폭포(이 책에서는 1박 2일을 통해 엉또폭포의 생태계를 보고서 형식으로 꾸몄다)와 연계하여 생태관광의 기능성도 알아보았다.

이 외에도 이 책에 수록된 작품들은 글쓴이가 평소에 쓰고 싶었던 주제를 다루었으며, 일부 해양 관련 작품을 재창작하였다.

「고향 소리」는 글쓴이의 실제 보고서를 바탕으로 창작하였다(이 이야기는 27년 전 일본의 유명한 백화점이 영업을 시작하고 마무리할 때 뻐꾸기시계가 울리는 것을 보고 작품에 반영하였음). 「곽금 8경」은 실제로 곽금 8경이 만들어지기까지 역사를 포괄적으로 구성하였기에 아동문학이란 장르에 국한되지 않는다. 이어서 글쓴이의 직접경험(「할머니 해녀의 보물」은 주인공이 방앗간에서 술래 잡이 놀이를 하다 다친 흔적, 「소 모는 아이」에서 고향 곽지에서 제주시까지 걸어서 소를 팔러 여섯 시간을 걸었던 일)을 형상화한 작품을 선보이고 있다.

마지막 작품으로 글쓴이가 '부키의 동화나라'에 최초 도우미로 활동했던 동화구연 자료(우리나라에서 단기간에 최초 100만 건 조회 수 기록) 「오줌 대장」을 제공하여, 누구나 편한 마음으로 동심의 세계를 그려 볼 수 있는 시간이 되길 바라는 마음을 담았다.

끝으로 이 책의 제목인『아기 상군 해녀』주인공의 스토리를 제공해 준 방문추(전 제주특별자치도의회 부의장)의 도움이 컸음에 감사드리며, 이 책을 통해 '이어도의 날'이 하루 속히 제정되길 기대해 보며, 특히 해양과 관련된 작품에 나오는 등장지(발생지)는 글쓴이가 직접 사진을 찍고(더러는 인터넷 자료를 참고하였음), 이를 편집하여 하나의 완성(교정)된 작품집으로 해양아동문화의 선도적 역할을 할 것이라는 데 큰 의미를 두고자 한다.

01

아기 상군 해녀

"어머니, 어머니! 빨리 와."

인숙이는 소리친다. 그러나 메아리도 없다. 인숙이 목소린 그냥 먼 바다로 흩어질 뿐이다.

인숙이는 지쳤다. 몸도 마음도……. 그냥 절부암에 털썩 주저앉은 채로 멍하니 하늘만 쳐다본다.

'정말일까? 우리 어머니 죽은 게……. 할머니 말로는 돈 벌러 갓젠 허어신디.'

인숙이는 언뜻 귀동냥으로 들은 어머니 죽음이 믿기지 않았다.

'아니겠지.'

인숙인 속으로 아니라고 몇 번이고 되새기지만 "인숙이 어멍, 죽어실 거여."라는 소리는 귀에서 사라지지 않는다.

인숙인 "죽어실 거여." "절부암 아래에 시체가 떠올랐젠 해라." 이런 충격적인 말을 들은 인숙이에겐 그날 이후로 절부암 앞을 서성거리는 습관이 생겼다.

인숙이 아버지는 고내 청년이다. 용수 처녀 어머니를 만나 결혼하였다. 아버지가 군대에 가 있을 때 어머니는 친정인 어촌 용수에서 인숙이를 낳았다.

인숙이는 젖먹이 아기 때 할머니 등에 업혀 이 불턱 저 불턱 돌아다니며 젊은 해녀들의 젖을 동냥해서 먹으며 자랐다.

불턱 / 해녀학교 자료

그러니 용수 해녀 모두가 인숙이 어머니인 셈이다.

"아이고 상군 해녀님, 손주 잘 컴수다양."

불턱에서 몸을 녹이던 해녀들은 인숙이 할머니를 볼 때면 모두 일어나서 공손히 절을 한다.

인숙이 할머니는 해녀 중에 물질을 잘하는 상군 해녀였기에 모두가 잘 안다.

인숙이 어머니도 일등 상군 해녀였다. 일등 상군 해녀를 대상군이라 부른다. 대상군은 상군 해녀 중에서도 물질을 더 잘하는 그야말로 최고 해녀란 뜻이다.

마을 해녀들은 대상군 해녀의 딸을 못 본 체할 수 없었다. 그래서 친자식처럼 가슴을 내밀고 인숙이에게 젖을 먹여 주었다.

어느덧 말을 할 수 있을 만큼 자란 인숙이는 생각해 보니 뭔가 이상했다. 집에는 언제나 할머니하고 단 둘뿐이다.

"할머니, 우린 무사 둘이만 이신고양."

인숙인 넌지시 할머니를 바라보며 물어본다.

그런데 어쩐 일인지 할머니는 말이 없다. 그냥 고개를 살짝 돌리며 다른 말을 한다.

"아니여게."

그 말뿐이다. 인숙인 더 이상 묻지 않았다. 그러나 마음 한 구석에는 뭔지 모를 허전함이 늘 남아 있었다.

'암만헤도 이상헌디.'

인숙인 어린 나이에도 이런 생각을 떨쳐 버릴 수 없었다.

"아이고게, 대상군 언니가 이어도 물속에서 나오지 못헷젠 헤라게."

사람들의 수군거림이 소리 없이 퍼져 나갔다. 인숙이 눈치를 피해…….

"아이고 인숙이냐? 얼른 오라."

인숙인 고개를 갸웃거리며 복선이네 집에 갔다. 복선이 어머니가 반갑게 맞아 준다.

복선이네 집에는 아버지, 어머니가 있다. 거기다가 오라버니도 있고 할머니도 있다. 여럿이 한데 어울려 살고 있다.

인숙인 복선이네 집에서 잠시 놀다가 집으로 돌아오며 자신의 집과 비교해 본다. 집에는 아버지도 어머니도 없다. 오라버니도 없다.

"할머니, 난 어떵허난 어머니가 엇수가, 아버지도 엇수가?"

인숙이가 물었다.

"아이고 설룬 아기야. 이다음에 크민 다 골아주젠 헤신디 느네 어멍은 이……."

할머니는 머뭇거린다. 뭔가 숨기고 싶었던 말을 하려는 듯 인숙이를 데리고 바닷가로 나선다.

바닷바람이 차다. 인숙이 얼굴에 찬바람이 몰아친다.

할머닌 고산 앞에 있는 차귀도를 가리킨다.

"느네 어멍은 저 멀리 차귀도 넘엉 이어도에 돈 벌레 가시난 ᄒᆞ꼼

이시민 공책도 사곡 사탕도 상이네 올 거난이, 할망 말 잘 들엄시라. 아방은 저 육지 군인 갓저."

차귀도/절부암 옆에서 바라본 차귀도

할머니는 또 그 소리다. 좀 기다리면 돈 벌어 온다. 좀 기다리면 돈 벌어 온다…….

인숙인 할머니를 뒤로하며 무거운 걸음을 옮겨 복선이네 집으로 또 향한다. 무슨 일이 있을 때 자신도 모르게 발길이 돌려지는 집이다.

복선이네 집은 편했다. 유일한 친구도 있다.

인숙인 복선이 어머니를 볼 때면 자신의 어머니 냄새를 맡는 것 같은 착각을 한다.

"아이고 인숙아 무사 풀이 죽엉 이시냐?"

복선이 어머니가 반갑게 인숙이를 맞이해 준다. 꼭 딸을 대하듯…….

큰 전복/전복 물질

"아니우다. 나 가쿠다."

인숙인 그냥 발길을 돌린다. 뭔가 알아보려 말을 하려다 이내 멈추고 만다.

'에구 불쌍한 것, 지 어멍이 어떵 뒈신지도 몰르멍.'

복선이 어머니는 눈을 감는다.

이어도의 푸른 물결과 황홀한 광경, 손바닥보다 더 큰 전복들이 눈앞에 아른거린다.

'무사 안 나왐신고.'

복선이 어머니는 인숙이 어머니를 기다려도 물 밖으로 나오지 못했던 일을 회상한다.

인숙인 북선이네 집을 나시 혼자 절부암에 와 있다.

'휴우-.'

인숙인 긴 한숨을 내쉰다.

절부암 앞 바닷가

절부암이 오늘따라 높게 보였다. 웅장한 절벽이 무섭게 보였다.

절부암 아래로 바닷물이 흘러 들어오고 있다. 아무것도 보이지 않았다. 혹시나 어머니가 물속에서 불쑥 얼굴을 내밀지 모른다는 기대를 했는데…….

인숙인 무서워졌다. 갑자기 오싹한 기분이 들었다.

인숙인 절부암에 털썩 주저앉았다. 차귀도를 바라보며 소리친다.

"어머니 빨리 와. 돈 안 벌어도 좋으난 빨리 와. 복선이는 어머니가 이신디 난 어머니영 아버지도 엇언 할머니영 살젠 허난 이상헌게."

인숙인 눈이 퉁퉁 부을 때까지 울었다. 울다가 정신을 잃고 절부암 앞에 쓰러지고 말았다.

"인숙아이, 인숙아."

할머니가 부른다. 그러나 그 소린 이내 파도에 묻혀 버렸다.

"아이고, 아기야. 어디 가신고. 우리 아기 어디 가신고."

할머니는 인숙이가 절부암에 있다는 걸 알면서도 늘 하던 대로 중얼거린다.

"이놈의 새끼 곧지 말 걸."

할머니는 인숙이에게 어머니가 물질하러, 돈 벌러 갔다고 거짓말한 걸 후회한다. 인숙이의 어린 마음을 헤아리지 못한 걸 후회한다.

할머니는 정신을 잃은 인숙이를 꼬옥 껴 안고는 머리를 쓰다듬는다. 겨우 눈을 뜬 인숙이를 달래다가 이내 같이 운다.

"어머니, 어머니 빨리 와."

인숙인 눈가에 눈물을 훔쳐내며 울부짖는다.

"이 다음에 컹 어른이 뒈민 굴을 걸 무사 이제 굴아져신고. 느 맨날 이디 왕 울엄시민 어멍이 오지도 안허고. 말 안 들엉 아방도 오지 안허곡 헌다. 다시랑 절부암에 오지 말라이."

인숙인 어느덧 여덟 살이 되어 학교에 입학하러 가게 되었다.

"알나리깔나리. 인숙이가 학교에 온대요."

아이들의 놀림이 이어졌다.

"에구에구 할망 어머니하고 학교에 온다."

아이들의 놀림이 더 심해진다.

다른 아이들은 모두 아버지나 어머니 손을 잡고 학교에 입학하러 온다. 그러나 인숙인 할머니 손을 잡고 학교에 왔다.

"자이 어머니인데 할망이엔 헴서."

아이들이 인숙이가 들으라는 투로 할머니 같이 늙은 어머니란 이상한 소리를 해댄다. 그 소릴 들으며 인숙인 더 악을 쓴다.

"나 이, 할망 어머니엔 해도 좋아. 우리 어머니 이어도에 돈 벌레 가시난 돈 하영 벌엉 사탕이영 상 오민 넌 안 주켜."

인숙인 입을 비쭉거린다. 기가 죽고 싶지 않았다. 비록 절부암에 가서 혼자 있을 땐 돈 안 벌어 와도 좋으니 빨리 돌아오란 말만 되새기기를 여러 번 했는데 이때만은 내려놓는다.

"우리 어머니 이어도에 돈 벌레 가난 돈 하영 벌엉 올 거여."

"우리 아버지 군인이여."

인숙인 이 말을 중얼거리며 복선이와 함께 걸었다.

복선이네 집은 그래도 인숙이의 마음을 달래 준다.

복선이네 집에 테왁이 있다.

“이거 뭐허는 거우꽈?”

인숙인 궁금했다. 테왁이 뭐고 소중기가 뭔지 지금껏 몰랐다.

복선이 어머니가 말했다.

“미역도 허곡, 소라도 잡아 오곡 물질허는 디 쓰는 거여.”

인숙이는 귀가 솔깃했다.

“삼춘, 나도 물질허영 미역 ᄌᆞ물 줄 알아지는디.”

“아이고 아기야, 할망 알민 큰일 난다. 물 ᄌᆞᆺ디도 못 가게 헤신디. 할망 알민 큰일 난다.”

“경헤도 삼춘, 나 허여 보젠. 물에 들젠.”

“게민 닐랑 오라. 나영 가게.”

인숙인 복선이 어머니가 어린 적 입었던 소중기를 입고 테왁을 들어 물질하러 바다로 향했다.

"느랑 요 물통에서 물장난허멍 놀라. 처음엔 다 경허는 거여."

복선이 어머니는 인숙이에게 바닷가 조그만 물통에 들어가라 하고 물질하러 간다.

"알앗수다. 나 이디 이시크메 삼춘이랑 물질 헙서."

인숙이는 복선이 어머니가 물질하러 바다에 들어가자 살며시 물통에서 빠져나온다.

'나도 진짜 물질헤 보젠.'

인숙인 복선이 어머니 몰래 테왁을 들고 바닷물 속에 발을 담근다.

"어푸, 어푸."

인숙이는 처음 물질하는 것이라 바닷물을 한 모금 먹으며 이리저리 헤엄쳐 다녀 본다.

"어! 되네."

인숙인 신기한 마음에 속으로 소리쳤다. 저 멀리 복선이 어머니를 따라 물질을 하고 있다.

복선이 어머니가 망사리 가득 해산물을 가지고 나온다.

"아니? 인숙이가 물에 들어시냐?"

"예, 그냥 해 봔마씸."

"아이구, 처음으로 물질허는 아이가 이추룩 하영 헤 와시냐?"

인숙인 끼가 있었는지 미역을 한 망사리 가득했다.

"어떵 안 허냐?"

인숙이 입은 추위에 새카맣게 변해 있다.
"어떵 안 허우다."
인숙인 물질하는 것이 아주 신기하고 재미있었다. 추위도 몰랐고 무서움도 없었다. 망사리를 가득 채워 주는 미역이 아주 좋았다.
"아이고, 피는 못 속여."
이를 본 복선이 어머니는 들리지도 않을 만큼 작은 목소리로 중얼거린다.
"처음 물에 들레 강 메역을 헤신디양 ᄒᆞᆫ망사리 허여서마씸."
인숙이는 벌써 해녀 티를 내고 있다.
"아이고 아기 상군 낫저. 지네 어멍이 이어도에서 도왐구나. 아이고 아기 상군 낫저."
복선이 어머니가 놀란다. 동네 해녀들 모두가 놀란다.
"예야, 느네 할망은 몰람시난 좀 조용허게 허라."
인숙이 할머니는 모른다. 인숙이가 복선이 어머니가 준 소중기 입고 테왁 들고서 물질을 배웠다는 사실을…….
"할머니 몰르게 온 거난 ᄉᆞᆯ째기 메역이고 구젱기고 ᄑᆞᆯ앙 공책도 사고 사탕도 사 먹게."
복선이 어머닌 인숙이를 볼 때마다 인숙이 어머니 생각을 한다. 그리고 마치 친 자식처럼 대한다.

어떤 남자가 인숙이네 집에 찾아왔다. 할머니는 맨발로 뛰쳐나간다.
"잘 왓저, 무사히 잘 왓저."

해녀들 / 이어도의 날 선포식에서

할머닌 그 남자를 껴안는다. 그러고 보니 인숙이는 생전 처음 아버지를 본다.

"각시도 엇인디 이디서 어떵 사느냐."

할머니는 인숙이 아버지를 달래듯 손으로 눈물을 훔쳐내곤 뭐라고 아우성친다.

"에구 이놈아, 이딘 살지 못허켜. 느네 동네 고내에 강 살라."

할머니는 인숙이를 아버지에게 맡기니, 이제 인숙이는 아버지와 함께 고내에 와서 살게 되었다. 고내는 인숙이 아버지 고향이다. 그러니 인숙인 이제 절부암을 멀리 떠나게 된 것이다.

아버지 고향 고내에 온 인숙이는 물질하며 생활하다 나이가 들어 청년을 만나 결혼을 한다.

인숙인 시집을 가서야 어머니가 죽었다는 걸 실감한다. 그러나 고된 시집살이, 속을 썩이는 남편, 젖 달라는 아이들과 부대끼다 보니 다른 것을 생각을 할 겨를 없이 살았다.

인숙이는 할머니에게서 물려받은 상군 해녀 실력과 이어도 저 깊고 깊은 물속에서 응원하는 대상군 해녀 어머니 끼를 물려받아서인지 고내 바다에서 물질을 하면 항상 최고였다.

"아이고 이거 어떵허연 영 하영 헴시니. 이어도에서 어멍이 도왐구나. 이어도에서 어멍이 도왐서."

고내 해녀들도 이젠 알 건 다 안다.

인숙인 물질이 끝나고 망사리에 가득 쌓인 해산물을 볼 때면 이어도 생각을 한다.

"지금 이 빗창은 우리 어머니 빗창마씸게."

인숙인 늘 한 개의 빗장을 들고 다닌다. 불턱에서 다른 해녀들에게 자랑을 한다.

"요걸로 허난 물질도 잘헤지고양. 지금은양 아들이영 손지영 난 잘 컴수다게."

인숙인 빗창을 들고 흔들며 어머니 혼을 부른다. 하늘에 대고 소리친다.

"나도 살 만큼 살고양."

이어도에 있는 어머니, 아니 이어도에서 큰 전복을 캐다가 힘에 부쳐 숨이 끊어진 어머니를 생각하며 소리친다.

"이제양 아들손지 걱정헐 때난양, 나 걱정허지 말앙 이어도에서

편안히 고이고이 잠듭서! 이젠양 걱정엇이 살암수다."

인숙이 눈시울이 벌겋게 변했다.

"이 시간까지 어머니엔 헌 소리 ᄒᆞᆫ 번도 못 불러 봣수다. 오늘 한 번 크게 어머니 불러 보쿠다. 어머니~~~"

인숙의 외침은 고요한 고내 바다 멀리 멀리 퍼져 나가고 있다. 이어도까지…….

지금 이어도는 중국과 영토분쟁 중이다.

02

할머니 해녀의 보물

바닷바람이 불어온다. 3월 중순이라지만 아직은 따뜻한 온기가 없다.

"가위 바위 보."

방앗간에서 아이들이 술래잡기 놀이를 할 참이다.

"뭐야? 이번에도 나야?"

주영이 얼굴이 금세 변한다. 불그락푸르락한다.

"사과는 빨갛다."

"빨간 건 원숭이 궁둥이."

아이들이 스무고개 하듯 술래를 약 올리는 소리가 들려온다.

방앗간/자연사박물관 자료

주영이는 책보로 눈을 가린다. 김치 냄새가 풍긴다.

"에잉."

주영이는 코를 틀어막는다. 그래도 지금은 덜한 편이다. 새 학년이 되었기에 할머니가 빨아 놓아, 이제 땟자국만은 지워졌다.

"치이, 만날 술래야."

주영이는 입을 비쭉거린다.

이제 김치 냄새는 멀리 달아났다. 대신 비린내가 나기 시작했다.

할머니는 바다에서 따온 전복을 하필이면 주영이 책보에 싸서 시장에 내다 팔곤 했다. 좋은 보자기에 전복을 싸고 장에 가서 내놓아야 좋은 가격을 받기 때문이다.

주영이는 그걸 안다. 할머니에겐 주영이 책보만큼 좋은 보자기는 없다는 걸…….

주영이는 할머니에겐 둘도 없는 가문의 보물이다. 가문의 보물에게 할머니는 제일 좋은 보자기로 책보를 만들어 주었다.

주영이 책보는 만물상이다. 보통 때는 책을 싸는 책보자기(책보)가 된다. 그리고 소풍을 갈 때면 도시락 보자기가 된다. 이웃집에 제사 떡 갖다 줄 때는 영락없이 떡 보자기가 되고, 할머니가 시장 갈 때는 시장 보자기가 된다. 오늘 같이 술래잡기 놀이를 할 때는 눈가리개 보자기가 된다.

주영이는 싸움에선 남에게 지지 않지만 가위 바위 보에선 생각대로 되지 않았다. 악을 쓰고 해도 어쩔 수 없이 지고 만다.

'어쭈, 보를 내란 말이야.'

주영이는 눈초리로 협박을 한다. 그러나 그게 어쩐 일인지 통하지 않는다. 다른 아이는 그걸 눈치 채지 못하고 주먹을 낸다.

'젠장.'

가위를 낸 주영이는 결국 지고 말았다.

'두고 보자. 보를 내라 했는데.'

주영이가 마지막 발악을 한다.

"삼판양승이다. 자, 가위 바위 보."

이제껏 없던 규칙이다. 가위바위보로 술래를 정하는 데 한번이면 결정된다. 다른 때는 그랬다. 그런데 오늘만큼은 주영이가 고집을 피운다.

"좋아, 좋아."

아이들은 합창을 한다. 주영이가 아무리 우겨도 주영이의 가위바위보 실력은 익히 알고 있는 터였다.

주영이는 불쑥 주먹을 쥐었다가 그냥 내놓았다. 다른 아이는 보를 내라는 주영이 협박에 손바닥을 펴 보를 냈다. 주영이가 또 졌다. 자기 꾀에 자기가 넘어간 셈이다.

"야호! 주영이가 술래다."

아이들은 신이 났다. 싸움에선 어림없지만 가위바위보에서 주영이를 이겼으니 환호성을 질렀다.

"100까지 세고 시작."

아이들은 잽싸게 흩어졌다. 주영이는 보자기로 눈을 가린 채 수를 헤아렸다.
"무궁화꽃이피었습니다."
처음에는 무 · 궁 · 화 · 꽃 · 이 · 피 · 었 · 습 · 니 · 다를 헤아렸다. '무궁화 꽃이 피었습니다'는 딱 10자다.
그런데 두 번째부터는 이상했다.
"무궁화……피었습니다."
가운데가 빠졌다.
"피었다."
또 빠졌다.
"히히."
주영인 아무도 몰래 회심의 미소를 짓는다.
주영인 큰소리로 100을 헤아리는 척하며 살짝 눈 가리게 보자기를 폈다.
'어?'
이상했다.
"피었다. 100 끝!"
주영인 혹시 아이들이 눈치 챌라 100을 헤아리기를 크게 소리치며 끝냈다.
주영이는 아이들을 찾아 나섰다. 그러나 앞이 컴컴했다. 보자기로 눈을 가렸으니 당연했다.

주영인 술래잡기놀이를 할 땐 꼭 자기의 보자기로 자기의 눈을 가린다. 그건 철칙이다. 아무도 그걸 말리지 못한다. 그보자기엔 주영이만 아는 비밀의 무기가 숨겨져 있다. 그런데 오늘은 없다. 비밀의 무기가……. 보자기에 뚫린 구멍이 말이다. 예전 같으면 보자기 한가운데가 주영이 눈동자만큼 구멍이 있었는데…….

"이런, 새 학년이 되는데 책보라도 좀 손질해야지 원."

할미니다. 할머니는 차디찬 겨울 바다에서 물질을 끝내고 돌아와 더듬더듬 주영의 책보 가운데 구멍을 바느질해 버린 것이다.

주영인 보자기를 풀어 보고 싶었지만 그게 맘대로 되는 게 아니었다. 조금이라도 손이 보자기에 갈 성싶으면 어김없이 소리가 들려온다.

"안 되지, 안 돼. 반칙하면 안 되지."

이 소린 무서운 소리다.

방앗간에는 할머니 테왁이 걸려 있다. 물질을 끝내고 방앗간 일을 할 때 집에 갔다 오는 시간을 아끼려고 방앗간에 걸어 놓는다.

"우리 할머니 테왁에 손대면 죽어."

주영인 큰소리로 외친다. 그래야 누군가 "알았어."라는 대답이 들리면 그 곳을 집중 공격할 참이다.

'뭐야, 아무도 없나?'

주영의 맘을 아이들은 벌써 눈치 챈 것이다.

방앗간에는 보릿대더미가 있다.

이곳은 지난겨울 내내 아이들의 보금자리였다.

보릿대더미 속에 아이들이 처박혔다. 어떤 아이는 아예 천장에 박쥐처럼 매달렸다.

주영이는 눈을 가리고 봉사처럼 더듬거렸다.

아무리 잽싸기로 유명하지만 그건 앞을 볼 수 있을 때 이야기다. 지금처럼 보자기로 눈을 가렸으니 행동이 영 말이 아니다.

'이놈들 어디 보자.'

주영이는 보자기를 빼꼼이 열었다. 그걸 다른 아이들은 알아차리지 못했다.

낯익은 모습이 보인다. 연자방아다.

연자방아는 숱하게 주영이와 함께 있었다. 그것도 할머니가 해녀일을 마치고 늦은 밤에 단 둘이 말라깽이 소가 끄는 연자방아 굴리는 일을 했다.

'전등불이라도 있었으면……'

연자방아 일/제주 100년 사진집 자료

주영이는 늘 이런 생각을 했다.

어두운 밤이니 일을 하는 데 여간 불편한게 아니었다.

멀거니 있는 전봇대에 다 꺼져 가는 60촉짜리 가로등 불빛이 겨우 방앗간임을 알게 할 뿐이다.

"주영아이, 니 아버진 어딜 갔는지……. 이럴 때 우릴 도와주면 좋으련만……."

긴 한숨소리가 할미니 입에서 흘러나온다. 그도 그럴 것이 할미니는 해녀 일을 하랴, 농사일을 하랴 너무 힘이 들었다. 이제 나이도 들었고…….

그렇다고 마냥 해녀 일을 내팽개칠 순 없었다. 지금껏 해 왔고 그 일을 해야 입에 풀칠이라도 할 것이니 더 이상의 방법은 없었다.

할머니가 해녀 일을 해서 돈이 생기는 날이면, 아버지는 어디서 돈 냄새를 맡았는지 귀신같이 나타나 술값에 다 쓰거나 노름 밑천으로 쓴다는 사실을 주영이는 안다.

'영차!'

주영이 눈이 번쩍 빛났다.

주영이는 얼른 연자방아를 굴렸다. 언제나 그래 왔다. 말라깽이 소가 힘이 부칠 때면 주영이는 연자방아를 밀었다.

"어이쿠."

비명이 들렸다. 주영이가 외치는 소리다. 주영이 손이 연자방아에 끼었다.

"악!"

손에서는 피가 흘렀다.

"큰일 났다. 큰일이야."

보릿대더미에 숨어 있던 아이, 천장에 대롱대롱 매달렸던 아이들이 몰려들었다.

주영이는 이를 꽉 물었다.

아팠다. 손등이 점점 아파 왔다. 무거운 연자방아는 꿈쩍도 하지 않았다. 아이들이 힘을 합해 밀어도 소용이 없었다.

주영이는 있는 힘을 다해 손을 빼내려고 발버둥 쳤다. 그러나 헛수고였다. 손에 힘을 주고 빼 내려고 할수록 손은 더 아파왔다.

"오줌을 싸 봐. 오줌을 싸면 될 거야."

어떤 아이가 소리쳤다.

아이들이 빙 둘러섰다. 부끄러움도 없었다. 모두들 고추를 내놓고는 주영이 손이 끼인 연자방아 기둥에 오줌을 쌌다.

"자. 빼 봐. 힘주지 말고……."

주영이는 어렴풋이 들리는 소리에 손가락을 꼼지락거렸다.

움직여졌다. 손에 힘을 주지 않으니 손은 연자방아 기둥의 구멍에서 빼졌다.

"됐다. 됐어."

아이들이 외쳤다.

그 소리에 주영이도 번쩍 정신이 들었다.

그러나 손등은 시뻘건 피로 물들어 있었다. 손등 껍질이 벗겨졌다. 하얀 뼈가 보였다.

연자방아

"담배를 찾아. 담배꽁초를 주워 와."

아이들이 담배꽁초를 찾았다. 주영이 손등에 담배꽁초를 비벼 넣었다.

주영이는 아팠다. 눈물이 찔끔 나왔다. 손이 쑤셨다. 이를 악 물었다.

"이제 보자기로 싸 봐. 그래야 담배가 흘러나오지 않아."

아이들은 주영이 눈을 가렸던 보자기를 풀었다. 주영이 손을 쌌다.

이런 땐 주영의 책보는 붕대가 된다.

"빨리, 빨리."

아이들은 주영이를 업고 뛰어갔다.

"주영이 할머니이, 주영이가 다쳤어요."

아이들의 외침에 할머니는 맨발로 뛰어나왔다.

"어디, 어디? 이런, 내 새끼. 어쩌다……."

할머니는 주영이를 부둥켜안고 방에 들어가 눕혀 놓았다.

"에구, 내 보물."

할머니는 주영이 이마의 땀을 닦고는 꼭 껴안는다. 주영이 다리가 부르르 떨리고 있다.

"괜찮아. 옳지."

할머니는 주영이를 더욱 꼭 끌어안았다.

"내 보물. 아프지 말아야 할 텐데."

"이럴 때 니 어머니가 있었으면……."

할머니는 쉰 목소리로 주영이에게 뭔가를 얘기해 주고 싶었다.

그러나 할머니 마음속에서 중얼거리는 소리여서 들리지 않았다.

할머니는 부들부들 떨고 있는 주영이 다리를 꼭 부둥켜안았다.

떨리던 주영이 다리는 할머니의 가슴속에 파묻혔다.

"벌써 잠이 들었구먼."

할머니는 잠든 주영이 다리를 내려놓았다. 그러자 주영의 다리는 이제 떨리지 않았다. 그냥 쭉 펴고 곤히 잠이 들었다.

주영이 손등의 붕대 보자기만이 주영이를 지켜보고 있었다.

그날따라 보자기는 주영이의 아픈 마음까지 달래주는 신비한 보자기가 되어 있었다.

03

숨은물뱅듸

안개가 앞을 가렸다.

“어디가 어딘지 분갈할 수가 없네.”

등산복을 입은 사람(청년)이 가던 길을 멈춰 섰다. 가까이 보이던 한라산이 갑자기 안개에 가리더니 이내 1100고지 습지를 덮쳤다.

1100고지 습지

“으음 메에.”

어디서 사슴 울부짖는 소리가 들렸다.

“그래, 저 소리를 따라가면 될 게야.”

그 사람은 사슴이 울부짖는 소리를 따라 길을 걸었다. 가시덤불로 쌓여 있는 길을 헤치고 걸었다. 울퉁불퉁 돌멩이가 깔려 있는 좁을 길에는 조릿대만이 울창했다.

'어디쯤인가?'

청년은 주위를 두리번거리다 핸드폰을 꺼낸다.

그러자 어제 사람들이 하던 말이 생각난다.

"검벵디라는 곳이 있는데 기가 막히더군."

"어디 있는데?"

"노루오름 아래."

"삼형제 오름 아래라는데."

"가 봤어?"

"아니, 넌?"

"나도 몰라."

사람들이 웅성임이 이어지고……. 검벵디라는 습지에 가 봤다는 사람도 지금 가면 길을 못 찾는다나? 조릿대가 너무 자라서 길을 메꾸었다나?

"아이고, 사람들 눈에 안 보이려 숨어 버렸구나."

누군가가 소리 쳤다.

"그러면 숨은물벵디(숨은물뱅듸)라고 해야 하지 않을까?"

그랬다. 숨어 있는 물벵디가 사람들의 입에서 입으로 오르내렸다.

"숨은물댕듸 어떻게 찾아가죠?"

청년은 어딘가에 전화하고 있다.

"노루오름 정상에서 내려와 한라산 둘레길 따라 쭉 내려오다 보면 노루오름 중간쯤에서……."

"아이고, 잘 모르겠네요."

"어떻게 전화로 찾나?"

"그래도 오늘 꼭 찾아야 한다니까요."

"알았어, 그냥 쭉 내려와시, 삐비비이이~"

핸드폰이 꺼졌다.

청년에게는 이제 길을 가르쳐 주는 전화 소리도 듣지 못하게 되었다.

숨은물뱅듸는 핸드폰까지 통화하는 걸 허락하지 않았다.

'세상에……. 분명 세상 사람들에게 보여 주기 아까운 뭔가가 있어.'

청년은 오늘은 포기해야겠다고 생각하고 조릿대 등산로를 되돌아 온다.

"뭐여? 혼자 찾아갔다고?"

주변 사람들은 모두 놀란다.

"뱀이 나오면 어떻게 하려고?"

"뱀은 지팡이로 땅을 툭툭 치면 달아난다니까."

"그래도 위험하다니까"

"내일 또 찾아봐야죠."

이튿날 청년은 다시 숨은물뱅듸를 찾아 길을 나선다.

"이 사람아, 숨은물뱅듸가 뭔 말인지 알기나 하나?"

이 소리가 귓전에 맴돌았다.

숨은물뱅듸? 한라산 중턱에 있는 숨은물뱅듸습지는 말 그대로 숨겨졌던 물과 벵디(드넓은 들판)가 어울려 있다는 말이다. 그러니 숨겨놓은 몸을 사람들에게 쉬 내보이려 하지 않아 신비에 쌓여 있다.

청년은 노루오름을 숨차게 오른다. 정상을 넘어 내려오다 삼형제오름 중 두 번째 오름이 만나는 곳에서 한라산 둘레길을 따라 내려온다. 어제 걸었던 길을 그대로 따라 걸었다.

가시덤불을 헤치고 숱하게 자란 조릿대나무 숲을 뚫고 다시 걸었다.

'어 노루?'

노루다. 지난번 사슴 소리의 주인공은 사슴이 아닌 노루였던 것이다.

「옛날이었지. 설문대라는 몸이 커다란 여신이 있었는데 그는 한라산 꼭대기에 웅덩이(백록담)를 만들고 하얀 사슴을 살게 했지. 사냥꾼들은 신비의 동물 백사슴을 잡으러 높은 산에 올라간 거야. 백사슴이 보이자 사냥꾼은 화살을 겨누는데 갑자기 안개가 눈앞을 가려 사냥을 못하게 된 게지. 그런데 갑자기 하늘이 울리며 큰소리로 사냥꾼을 혼내는 소리가 들리자 사냥꾼은 도망치듯 백록담에서 내려왔지.」

사슴은 영산인 한라산 백록담에 산다. 하얀 사슴이란 뜻으로 백록이라 불린다. 그런 사슴은 사람들의 눈에 보이지 않는다. 오직 신의 눈에만 보일 뿐이다.

"웬 노루가 이리 많아?"

노루 떼가 지나간다. 노루가 지나간 자리에 조릿대가 쓰러지며 길을 낸다.

청년은 그 길을 따라 걸었다.

"야, 이렇게 넓은 습지가 있었어?"

숨은물뱅듸 습지

너무나 황홀한 풍경이다.

우리나라 최대 규모의 고산습지다. 대부분이 국립공원 안에 위치해 있고 그런 이유로 알려진 자료도 그리 많지가 않아 아는 사람보다 모르는 사람들이 더 많은 곳이다.

“이래서 사람들에게 보이지 않으려고 몸을 숨겼구나.”

숨은물뱅듸는 이렇게 세상 사람의 눈에 몸통을 내보였다.

한라산은 계절마다 다른 옷으로 갈아입어 언제나 새로움을 느끼게 한다.

한라산을 내다보는 숨은물뱅듸 습지 내에는 귀중한 식물들이 자란다. 여름이면 온 습지를 황금빛으로 물들여 장관을 이루기도 한다.

오름 나그네는 한가로이 넓은 습지를 누비고 다니는 노루를 만난다.

그리고 노루는 사람들을 구경한다. 오름 나그네들이 노루를 구경하는 게 아니라…….

그토록 안개가 앞을 가리던 숨은물뱅듸습지에는 이내 자신의 몸을 보인 것을 자랑이나 하듯 날씨가 개어 신비한 모습을 드러냈다.

청년은 하늘에 감사했다. 마냥 즐거웠다. 한눈 가득 아름다움을 담고 가끔씩은 속도를 내며 숨은물뱅듸습지를 향해 내리막을 내달렸다. 철없는 어린아이마냥…….

‘이런 곳을 볼 수 있어서 난 행복한 나들이를 한 셈이다.’

동백동산 습지

청년은 그날만은 세상에서 가장 평온한 쉼표를 찍는다.

'내일은 동백동산 습지를 찾아봐야지.'

숨은물뱅듸는 넓은 면적에 물이 고여 있는 습지다.

습지가 해발 980m 높이에 형성될 수 있었던 것은 낙엽이 퇴적되면서 만들어진 낙엽 층이 물을 머금어 습지가 만들어졌기 때문이다.

숨은물뱅듸 습지에는 무려 493종의 야생 동식물이 서식 중인 게 확인됐다. 이 가운데에는 자주땅귀개(식충식물) · 비늘석송 · 바늘엉겅퀴 등 멸종위기 식물과 벌매 · 팔색조 · 매 등 멸종위기 조류 등이 포함돼 있다.

"숨은물뱅듸를 람사르습지로 등록할 것을 허가합니다."

2015년 5월 22일 람사르습지 등록증(2015년 5월 17일 등록)을 낭독했다. 그간 환경부 장관도 오고 환경시민단체 회원들도 오고, 높은 사람들도 왔다. 그러나 그들은 실제로 숨은물뱅듸 습지에 다녀오지 못했다. 오직 심사위원들만 다녀왔다. 그만큼 숨은물뱅듸 습지는 권력과 돈에 거부감을 느끼는가 보다.

숨은물뱅듸 습지는 오직 명예, 그를 위해 오롯이 오늘날까지 남들의 눈에 뜨지 않고 숨어 지냈으리라. 그러기에 람사르협약 사무국으로부터 숨은물뱅듸 습지를 람사르습지로 인정받기까지 얼마나 많은 숨바꼭질을 했을까?

물영아리오름 습지도 그랬다.

물영아리오름 습지/가는 길 설문대여신 얼굴상

제주도에는 항상 물이 마르지 않는 화구호(화산 분화구가 막혀 물이 고여 만들어진 호수)를 가진 오름이 10여 개 있는데, 물영아리오름은 이 중 하나이다.

물영아리오름 습지는 제주도에서는 2000년에 최초로 환경부 습지보호지역으로 지정되고 2006년 10월 18일에 우리나라에서는 5번째, 제주도에서는 첫 번째로 람사르습지에 등록되었다.

등록면적은 309,000㎡에 달한다.

람사르협약은 대표적이고 희귀하거나 독특한 습지를 포함한 지역이나 생물다양성 보전을 위해 국제적으로 중요한 지역을 람사르습지로 등록하고 있다.

물장오름 습지/물장오리에 빠지는 설문대여신 장영주 설문대할망 자료

물장오리오름 습지는 설화에도 등장한다.

「옛날이었지. 탐라(제주)를 생성한 설문대여신(할망)은 자신이 만든 한라산의 높이(은하수에 닿는다 하여 굉장히 높음을 암시)를 자랑하고 싶었지. 잠을 잘 때는 한라산 꼭대기를 베개 삼아 관탈섬에 발을 걸치고 잤어. 한라산에서 관탈섬까지의 거리가 49㎞. 그러니 설문대여신(할망)의 키가 얼마냐고? 49㎞이지. 그만큼 컸지. 설문대여신은(할망)은 어느 날 물장오리에 들어가 보기로 했어. 물장오리의 깊이가 얼마인지 알고 싶었던 게야. 그러나 물장오리의 깊이가 얼마나 깊었던지 설문대여신(할망)은 물에 빠져 나오지 못한 게야. 죽은 게지. 나중에 해녀로 환생 했다는 게야. 그만큼 물장오리는 깊었어. 사람들은 창터진물이라 불렀거든. 밑이 없이 깊다는 거야. 어떤 사람은 물장오리의 밑이 태평양과 맞닿았다 하거든. 왜냐고? 물장오리 부근에서 전복 껍데기가 나오는 거야. 전복은 바다에서 자라잖아. 그러니 물장오리는 바다와 연결 되어 있을 런지 모르지. 참, 여기서 설문대여신(할망)의 허리둘레나 알아볼까? 설문대여신(할망)은 백록담에 걸터앉으면 꼭 끼였어. 그러니 설문대여신(할망)의 엉덩이 사이즈는 백록담 둘레와 같겠지? 예전엔 그 둘레를 한참(2㎞)라 했었는데, 그러니 설문대여신(할망)의 허리사이즈는 2㎞가 좀 못 되겠지?」

물장오리오름 습지는 람사르 습지보호지역으로 2008년 람사르습지로 등록되었다. 수량이 풍부하여 인근 지역주민들이 식수로 활용하였으며 가뭄 때에는 이곳에서 기우제를 지냈다. 자연공원법에 의한 국립공원지구 및 제주특별자치도 설치 및 국제자유도시 조성을 위한 특별법에 의한 절대보전지역으로 지정 관리되고 있어 1100도로에서 출입 시에는 반드시 허가를 받아야 한다.

한라산 백록담, 오백나한(영실)과 함께 신성시해 온 3대 성산의 하나인 물장오리오름은 제주도의 설화에서 제주도와 한라산을 만들어 내 여신이라고 전하는 '설문대할망'의 이야기가 깃들어 있는 제주의 대표적인 오름이다. 물이 깊다 하여 '창(밑) 터진 물'이라고도 불리는 곳이다. 현재 돌문화공원에 하늘 연못이란 이름으로 재현해 놓은 곳이 있다.

하늘연못/설화 설문대여신(할망)이 빠져 죽었다는 물장오리 재현 돌문화공원에서

숨은물뱅듸는 한라산 완사면에 위치한 습지이며 흔하지 않은 지표수와 화산쇄설물로 형성된 매우 드믄 산지습지이다. 이 습지의 면적은 1,175㎢에 달한다.

또한 삼형제오름(샛오름), 노루오름, 살핀오름 사이에 위치하고 있어 오름 생태계를 연결하는 중요한 역할을 담당하고 있다.

이곳이 더 보태어져 2015년 현재 국내 람사르습지가 19곳에서 21곳으로 늘어났다.

람사르습지라는 브랜드 가치는 높다. 생물다양성도 증진하고 생태관광과 연계하여 지역경제도 활성화할 수 있을 것이다.

숨은물뱅듸는 제주시 1100고지 휴게소 동쪽(삼형제오름, 노루오름, 살핀오름의 중앙)에 위치한 곳이기에 삼각형 길을 낸다면 생태관광의 명소로 우뚝 서게 될 것이다.

천혜의 자연/학술조사차 와이계곡에서 일반인 출입 통제 구역

04

소원 실은 매미

"맴맴 맴매……."

매미들의 합창이 이어진다.

'흥!'

주영이는 매미들을 물끄러미 쳐다본다. 목청을 돋우며 외쳐대는 매미들이 안쓰럽게 보였다.

'치, 그까짓 목소리로……. 울 아빤 얼마나 노래를 잘 부르는데…….'

주영인 입을 비쭉거려 본다.

주영의 아버지는 술에 취하면 늘 흥얼거렸다.

"천둥산……. 울고 넘는 박달재야."

아버지의 노랫소리에 동네 사람들은 웃는다.

"용하이. 그래도 목숨 하나는 붙이고 사니……."

아버지가 좋은 회사에 다닐 땐 마을 사람들은 구세주를 만난 양 따라 다녔다. 그러면 아버지는 동네 사람들에게 술을 사 주었다. 아이들에게는 빵과 과자를 사 드리기도 했다. 할머니가 보이면 찐빵을 한 통씩 사 드렸다.

그렇게 호탕한 아버지였다. 돈 많고, 여유가 있었다. 인정이 많았다. 마음씨가 고왔다.

그러다 직장에서 해고되면서 아버지는 빈털터리가 되었다. 빈털터리가 되니 동네 사람들은 언제 그랬냐는 듯 모두 아버지 곁을 떠났다

사람들이 아버지 곁을 떠나니 외톨이가 되었다. 늘 혼자였다. 혼

자였기에 매일 술만 마셨다.

동네 사람들은 늘 수군거렸다. 알코올 중독자라고…….

주영인 그게 무슨 말인지 뻔히 알면서도 모른 체했다. 그렇게라도 하지 않으면 금방이라도 머리가 터져 버릴 것 같았기 때문이다.

좋은 회사에서 아버지와 함께 쫓겨난 사람들은 모두 죽었다. 화가 나서 분을 이기지 못한 채 자살했다. 아무 잘못도 없는데 이것저것 구실을 붙여 내쫓아 버린 회사를 원망하다 모두 죽었다.

그러나 아버지만은 죽지 않았다. 술을 마시며 괴로움을 달래며 목숨만은 붙어 있었다. 그게 동네 사람들이 수군거리는 말이다.

주영인 그런 아버지와 산다. 어머니는 아버지와 같이 살 수 없다며 집을 나갔다.

집에는 할머니도 있다. 할머닌 아침 일찍 바다 일을 나가면 저녁 늦게 돌아오곤 한다.

주영인 아침에 학교에 갈 때는 할머니가 차려 놓은 밥을 먹는다. 이때까지 아버지는 잠을 잔다.

학교에서 돌아올 때쯤이면, 아버지는 어김없이 술을 먹으러 집을 나간다.

그러다 보니 주영이는 아버지 얼굴을 대하기란 하늘의 별 따기만큼이나 어려웠다.

그런 상황에서도 주영인 아버지가 술에 취해 중얼거리는 노랫소리는 듣는다.

바닷일

"이 풍진 세상을 만났으니……."

노래 가사는 언제나 슬픈 내용이다. 아버지의 신세와 아주 닮았다. 아버지의 노래 속에는 모든 게 들어 있다. 세상 돌아가는 것에서부터 어머니 이야기, 할머니 이야기, 주영이 이야기까지 들어 있다.

"이놈아, 네 새끼 생각해야지."

할머니는 아버지를 나무란다. 그러나 그뿐이다. 나무란다고 일이 해결될 일이 아니다.

"그래라, 네 맘 내 다 안다."

할머니는 아버지를 어린애처럼 대한다. 돈이 없어 술을 먹지 못할 땐 용돈을 준다. 주영이에겐 한 푼 어림없지만 아버지에게만큼은 후했다.

할머니가 굽은 허리를 힘들게 펴며 바다 일을 하면 아버지 술값은 되었다.

할머니는 주영이에게 낡은 바지를 입히고, 검정 고무신을 신기지만 아버지 술값만은 외상을 하지 않았다.

"너도 커 봐라. 네 애비 맘 다 알 거야."

할머니는 주영이를 품에 안으며 이런 말을 한다.

그러나 주영인 그런 할머니 마음을 이해하지 못한다. 남들처럼 놀고 싶었다. 남들은 좋은 옷을 입고 다녔다. 아니 좋은 옷이 아니더라도 적어도 구멍이 뚫리진 않았다. 잘 꿰맨 자국이 눈에 보이지 않았다. 그러나 주영인 달랐다. 할머니가 꿰맨 바늘 자국은 듬성듬성 하얀 이를 드러낸다. 어떤 땐 옷과 색이 다른 천으로 꿰맸으니 더욱 볼품없다.

신발도 그랬다. 구멍이 나서 다른 고무신을 잘라다 오려 붙였다. 그러니 신발도 엉망이었다.

그뿐이 아니다. 머리는 빡빡 깎았다. 그냥 이발소에 가서 머리를 밀어냈다. 다른 아이는 그렇지 않았다. 어머니가 정성스레 깎아 준 머리가 바람에 날릴 땐 꽤 세련돼 보였다.

그렇다고 책보가 새것도 아니다. 그냥 헤진 걸 몇 년째 들고 다닌다.

어느 것 하나 다른 아이들과 비교할 수가 없다.

'치, 엄마가 있다면…….'

주영인 늘 이런 생각을 한다.

'에잉, 있으면 뭣해.'

갑자기 생각을 바꾼다. 다른 건 몰라도 어머니만은 없다고 생각하는 게 편했다. 돌아오지 않을 어머니란 걸 주영인 벌써 눈치 채고 있었던 것이다.

주영인 후다닥 뛰어갔다.

바닷가다. 주영인 마음이 울적할 때면 바닷가로 나간다.

시원한 바람이 주영의 이마를 스친다.

한창 여름이지만 바닷가 모래밭에는 아이들이 하나도 없다. 해수욕을 하는 사람도 없다.

동네 아이들은 그까짓 바다를 그리 중요하게 생각하지 않았다. 돈 많은 사람들은 일부러 피서한답시고 해수욕장에 간다지만 아이들은 달랐다. 아이들에겐 바다야 맘만 먹으면 언제든지 갈 수 있는 곳이다. 여름이고 겨울이고 없다. 낮이고 밤이고도 없다. 그냥 옷 입은 채로 바다에 풍덩 뛰어들면 그게 해수욕이나 다름없었다. 그러니 특별히 바다란 생각을 하지 않았다.

'에잉, 이럴 때 철이 녀석이라도 왔어야지.'

주영인 철이 생각을 한다.

주영이와 철이는 단짝이다. 쥐와 고양이다. 닭과 지네처럼 원수지간이다. 두 아이는 한 번도 손을 잡고 이야기를 해 본 일이 없다. 만나면 싸웠다. 싸운 후에는 아무런 말도 없이 헤어진다. 여러 해 동안 이런 일이 있어 왔다. 그러다 보니 미운 정이 들었다.

얼굴 구름

"엄마 아아-."

주영이가 고개를 들어 어머니를 부른다. 생전 불러 볼 것 같지 않았던 어머니다.

주영인 하늘에 떠 있는 구름을 보며 외친다. 그러다 살짝 고개를 돌린다.

아무도 없는 바닷가인데도 자기가 어머니를 크게 소리 내어 불렀다는 게 그만 부끄러워졌다.

주영인 어머니를 생각할 때마다 입술을 지그시 깨물었다. 어머니 생각이 나면 날수록 더욱 그랬다.

'엄마이이.'

주영인 눈가에 맺힌 눈물을 닦아 냈다.

주영이가 울었다는 건 큰일이다.

아무리 아파도 눈물 하나 보이지 않던 주영이다. 그건 주영이만이 터득한 비장의 무기였다. 자기가 운다고 누구 한 사람 달래 주지 않는다는 걸 주영인 잘 안다.

주영인 아이들과 전쟁놀이하면서 화약총에 맞아 손에 구멍이 나도 울지 않았다. 아무리 배가 고파도 울지 않았다. 외로워도 참았고, 어머니가 보고 싶어도 참았다. 그런데 오늘은 울었다.

"주영아이, 주영 아아아."

할머니가 바닷가로 달려온다. 할머니는 눈을 감아도 훤히 안다. 주영이가 어디 있는지…….

주영인 마음이 아플 때면 어김없이 바닷가로 나온다.

흰모래 밭을 땀이 범벅이 되도록 달린다.

그러다 지쳐 쓰러지면 언제나 할머니는 주영이를 등에 업고 바닷가를 거닐었다. 바닷가를 거닐며 아버지 따라 흥얼거린다.

"요놈의 세상, 우리 주영이 어서 어서 자라 돈 많이 벌고……."

가사가 엉망이다. 그러나 그 소린 너무나 정겨웠다.

힘에 부쳐 쓰러졌던 주영이는 이 소리에 정신을 차리고는 할머니 등에 꼭 달라붙는다. 그러면서 할머니에게서 어머니 냄새를 맡는다. 오래전 아기 때 어머니 젖을 빨 때 느꼈던 냄새를 맡는다.

"주영아이, 이건 매미야."

할머니 손에 매미가 들려 있다.

주영이네 동네엔 매미가 많았다 오동나무 가지에는 어느 게 매미인지 분간을 할 수 없이 더덕더덕 붙었다. 아카시아나무에도 매미들이 주렁주렁 달렸다. 팽나무는 매미들 차지다. 그러니 손으로 잡아도 몇 마리는 건져 올릴 수 있다.

매미들은 순했다. 잡아도 잡아도 그냥 나무에 앉아 움직이지 않았다. 나뭇가지를 흔들어도 끔쩍도 하지 않는 매미들이 많았다.

할머니는 주영이를 찾다가 매미 한 마리를 잡았다. 그래서 바닷가에 가져온 것이다.

매미 잡는 실력이야 주영이가 단연 으뜸이다. 한 손으로 나뭇가지를 붙잡고 휭 돌아 올라서면 매미들은 그냥 수 없이 주영이 밥이 된다.

주영이가 매미를 잡고 팽나무가지를 타고 스르르 내려올 땐 아찔하지만 정말이지 기가 막힌 솜씨다.

그런 주영에게 매미 한 마리가 없어서 할머니가 잡은 건 아니다. 할머닌 주영이에게 매미라도 주고 싶었다. 언제나 돈이 생기면 아버지 술값으로 새어 나가고 주영이에겐 사탕 하나 사다 주지 못한 걸 미안하게 생각하는 할머니다.

"이건 보통 매미가 아닌 게야. 네 소원을 들어주는 매미인 거야."

할머니는 매미를 주영이에게 준다.

"매미를 귀양 보내는 거여. 그럼 네 소원도 들어줄 거야."

할머니는 매미 눈 하나를 손톱으로 찍어 내린다. 찍하게 매미가 운다. 멀쩡한 눈을 손톱으로 찍어냈으니 말이다.

"자, 니 소원을 매미 꽁지에 달아 하늘로 보내는 거야. 그럼 네 어미가 온단 말이야."

할머니는 귀신같다. 주영이 마음을 꼭 집어내고 있다. 지금 주영이가 가장 하고 싶은 말은 어머니를 불러 보는 일이다. 아니 어머니를 만나 보는 일이다. 그걸 할머니는 벌써 눈치 채고 있었다.

주영인 할머니에게서 매미를 받는다. 매미 궁둥이를 실로 묶는다. 하얀 종잇조각이 달렸다.

'엄마이, 나 엄마 보고 싶다. 빨리 와.'

어머니에게 쓴 편지다. 침을 발라 연필로 꾹꾹 눌러쓴 편지다.

주영이가 어머니를 찾는다는 소원이 적힌 편지다.

"엄마이이."

주영인 하늘에 대고 어머니를 부른다.

"엄마, 엄마야. 결혼사진에 나와 있는 엄마 얼굴 보고 싶어."

주영이가 소원을 말한다.

할머니도 물끄러미 하늘을 쳐다본다.

그때였다. 하늘에는 하얀 면사포를 쓴 어머니가 살며시 얼굴을 내밀었다.

"야, 엄마다. 엄마야."

주영인 하늘을 향해 매미를 내던진다.

"날아가거라. 엄마에게 갖다 주어라."

주영인 매미에게 소원을 말한다.

매미는 하늘에서 빙빙 원을 그리며 계속 올라가고 있었다. 매미는 한쪽 눈이 다쳐서 한쪽만 보이니 한쪽으로만 날아갔다. 꽁지에 편지가 매달렸으니 떨어지지 않으려 하늘로 하늘로만 올라갔다. 빙빙 돌며…….

"이젠 네 소원이 이루어진 거야."

할머니는 부질없는 일이란 걸 안다. 어찌 집 나간 어머니가 매미에게 소원을 빈다고 올까? 그냥 주영이에게 해 본 말이었다.

'언젠가는 올 거다. 네 애민 그렇게 무정한 사람이 아니야.'

할머니의 속삭임을 뒤로하며 태양은 바닷속으로 들어가고 있다.

저녁놀은 할머니와 주영이의 그림자를 하얀 모래밭에 길게 늘어트리고 있었다.

05

엉또폭포

"1박."

호동이가 엄지손가락을 펴 보인다.

"2일."

승기가 손가락을 두 개 펴며 맞장구친다.

아침부터 비가 내린다.

승기는 자신의 집 같았으면 지난번 녹화해 둔 영상이나 보면서 머리를 식힐 요량이지만 촬영지에서 날씨가 이러니 난감하다.

그렇다고 방에만 있을 수 없어 차에 있는 우비를 입고 숙소를 나선다.

"비가 와야 보인다고?"

"뭐가?"

"폭포."

1박 2일 회의 때 제비뽑기에서 승기가 뽑은 '엉또폭포'다.

"참, 세상에……."

1박 2일 팀원들이 한탄의 소리다.

승기는 연거푸 두 번을 제주도를 뽑았다.

첫 번째가 곽지과물해변이었다.

이어서 두 번째 목적지를 향해 승기가 앞장서서 걸었다.

사람들이 내려오고 있다.

"없어. 아무것도……."

없다니? 분명 회의 때 비가 내리는 날 보이는 폭포가 있다 하지 않았는가?

그래도 승기는 힘을 내 본다.

여기가 어딘가? 1박 2일 회의 때 "당첨!" 이 소리가 얼마나 기분이 좋았던 말인가?

승기는 제주도를 1박 2일 동안 다녀올 행운을 얻었다. 남들은 저 멀리 이상한 곳에서 죽도록 고생하련만 승기는 들뜬 마음으로 제주도에 왔다.

'그런 행운을 버려 버리라고?'

승기는 힘겨운 발걸음을 재촉했다.

비는 가랑비로 바뀌었다. 아침에 내리던 비보다 양이 적었다.

'비가 와야 보인다?'

기대를 걸어 본다. 내려오는 사람들은 아마 승기네가 1박2일 촬영 팀이란 걸 알고 반대로 답했는지 모른다. 왜 종종 텔레비전에 보면 그렇잖아.

"어? 뭐야?"

승기가 본 광경은 커다란 절벽에 비에 젖은 나무가 바람에 흔들릴 뿐, 폭포라곤 아예 없었다. 졸졸 내리는 물줄기만 있을 뿐…….

"자, 철수."

피디가 소리친다. 카메라 멘들이 천천히 움직인다. 오늘은 좋은 날이다. 촬영이 딜레이(연기) 되어 한시름 놓는다.

"그래서 폭포가 떨어지는지 어쩐지는 직접 가 봐야 알 수 있다."

숙소에 돌아온 승기는 어저께 어른신이 했던 말이 기억난다.

'눈으로 봐야 폭포인지 아닌지 안다?'

참 신기한 말이다. 폭포면 폭포지 눈으로 봐야 폭포인지 아닌지 안다?

"3년 공을 들인 사람 눈에만 나타나는 게야."

농담처럼 들리던 말이 실제 말인가 보다.

'다음에 비가 엄청 많이 내린 다음 날 꼭 다시 가 봐야겠다.'

승기는 이왕 폭포를 볼 수 없으니 잠시 눈을 붙여 쉬어 본다.

'높은 산에서 떨어지는 물이라 실제로 보면 정말 장관이라고 한다. 그 광경을 꼭! 보게 될 수 있기를…….'

촬영가기 전 1박 2일 팀이 우수갯소리를 하던 말이 귓전을 울린다.

승기는 다시 도전해 본다. 분명 실패란 걸 알면서 말이다. 오늘은 분명 비가 오지 않았으므로…….

언덕을 올라가야 하는 길이 매우 좁았다. 차들이 뒤엉켜서 움직이지 못했다.

피디는 비도 안 오는데 저 멀리 입구에 그냥 차를 세우고 걸어가자고 한다.

승기는 아무 생각 없이 그러자고 했다.

차를 세우고 언덕을 올라가는데 승기 머리를 번개처럼 스치는 소리가 생생히 들렸다.

"얼마 전 지나간 태풍 '너구리'에 이어 중형 태풍 '나크리'가 그 뒤를 이어 많은 양의 비를 뿌리며 서해안 방향으로 서서히 진행 중입니다. 8월 3일 오전까지 한라산에 1,497㎜의 누적 수량을 기록하여 제주도에 자동기상 관측 장비가 설치된 이후 최다 강수량을 기록했다고 합니다."

아침 잠결에 텔레비전에서 한라산에 비 소식을 들었던 것이다.

'한라산? 비? 폭우?'

승기는 너무 기뻤다. 비가 와야 엉또폭포를 볼 수 있을 테니 말이다.

그런데 막상 엉또폭포 가는 길엔 비가 한 방울도 내리지 않는다. 그 좁고 좁은 제주도 땅인데…….

한라산엔 폭우? 승기가 기다리는 엉또폭포엔 햇볕만 쨍쨍…….

“비록 손바닥만 한 제주도 땅이지만 우리나라에서 제일 높은 한라산이 있어서 그리 만만치 않겠는 걸.”

그랬다.

피디가 약을 올리는 소리가 그렇게 정겹게 들렸다.

승기가 차를 타고 1박 2일 촬영차 평화도로를 지나는 동안 광활하게 펼쳐진 들판, 한가롭게 노니는 조랑말, 산 하나를 다 태운 새별오름이 보였다.

여기서는 축제가 열리는데 그 열기가 참으로 대단하단다.

축제를 한다는 새별오름을 끼고 끝없이 펼쳐진 목장은 꼭 미국의 평야 같았다.

이런 제주도에 엉또폭포로 들어서는 나무 산책로 바로 앞쪽에 주차장이 있었다.

새별오름 / 축제

새별오름/오름 하나를 몽땅 불태운다.

대체 왜 차를 밑에다가 세우자고 했는지 그제야 의문이 들었다.

"삼대가 덕을 쌓아도 보기 힘든 맑은 날, 한라산을 배경으로 엉또 폭포의 물이 떨어지는 풍경입니다."

이 소리도 허무맹랑한 것 같았다.

"젠장, 내 눈에는 보이지도 않는데."

승기의 투덜댐은 촬영팀 모두에게 힘을 빼는 소리였다.

"미안, 죄송."

승기는 얼른 사태를 수습한다.

엉또폭포, '엉'의 입구라고 하여 붙여진 이름이다. '엉'은 작은 바위그늘집보다 작은 굴이고 '도'는 입구를 표현하는 제주도 말이다.

가는 길에 이름 모를 꽃이 피어 있었다.

어젯밤 사이에 내린 비가 1,497㎜라니, 아마 이 비가 서울에 쏟아졌다면 대한민국 만세를 부를 사람이 있을 법하다.

'비가 와야 폭포가 생긴다는데…….'

"비만 온다고 좋아하지 마세요. 최소 70㎜ 정도는 내려야 비라고 하죠."

이건 뭔 말? 비가 많이 와야만 볼 수 있는 제주도의 선물이 엉또 폭포란 말이다.

폭포 가는 길, 동남아시아 같은 야자수들도 있다. 제주도의 상징인 검정 돌담길도 있다. 나무를 빙빙 기어 돌아 올라가는 넝쿨도 있다. 귤밭도 있고 들국화도 초라하지만 그윽한 향기를 뿜으며 승기네 일행을 맞이한다.

"세계 4대 폭포라고?"

희한한 안내문이 붙어 있다.

대체 어떤 폭포이기에 세계 4대 폭포 중에 들어가는지?

「세계 4대 폭포에 오신 걸 환영합니다」로 시작되는 안내문에는 제주에는 9개의 폭포가 있는데 정방폭포, 천지연폭포, 천제연폭 등 높이가 23m 정도인 데 반해 엉또폭포는 50미터의 높이에 폭도 8m 정도, 폭포 밑에는 폭이 20m 정도 되는 웅덩이가 형성되어 있어 제주도에서 가장 웅장하고 세계 4대 폭포와도 어깨를 견줄 만하다나? 더욱이 난대림으로 우거진 계곡과 주변의 기암절벽은 아기자기하면서도 정감 있고 포근함까지 느끼게 하는 한 폭의 그림 같은 폭포란다.

"높이가 나이아가라폭포와 맞먹고, 물이 떨어지지 않는 폭포로는 세계적으로 거의 유일하여 세계 4대 폭포라 명한다."

엄청난 기대를 걸기에 충분한 멘트, 정말일까? 속았나?

승기는 어젯밤에 꿈을 꾸었다.

커다란 백호 한 마리가 나타나더니 이내 승기를 물고 산속으로 사라지더니 바로 높은 절벽 아래로 떨어트렸다나?

"분명 좋은 일이 생길 거야."

꿈 해몽을 들으며 승기는 설렘을 가득 안은 채 가벼운 발걸음을 옮긴다.

"철처어철……."

승기는 뭔가 어마어마한 물 떨어지는 소리가 들릴 것만 같은 분위기를 느낀다. 승기는 음악을 하기 때문에 귀가 무척 밝거든. 그러니 아주 예민한 소리까지 다 잡아낸다니까.

"졸졸졸……."

시냇물소리였다.

엉또폭포 가는 길에 시냇물이 있는데 물이 흐른다.

"대박."

피디가 외쳤다.

대박? 요 시냇물 소리가?

제주도의 시내는 건천이다. 물이 없다. 한라산에 비가 많이 와야 대충 곶자왈로 빠져 들어가고 나머지 남은 물이 시냇물을 이룬다. 그러려면 한라산에 비가 엄청 많은 양의 비가 내려야 살아 있는 시냇물이 된다.

"행운이야. 누가 백호 꿈 꿨나?"

피디가 승기 꿈을 잡아낸다.

길을 잘못 들었나? 이 시냇물이 폭포? 앞에 보이는 저곳이 맞는 것 같은데…….

"자, 휴식."

피디가 외친다. 카메라맨들이 카페로 들어간다.

카페 안에 하루 종일 영상이 돌아가고 있다. 이곳까지 와서 엉또 폭포를 보지 못해서 안타까워하며 돌아가는 사람들을 위해 배려한 흔적이다.

영상에 비친 폭포는 장관이었다. 내리치는 물줄기는……. 비록 동영상이지만 말이다.

"잘 잡아."

피디가 고삐를 죈다. '쉬는 시간'이란 단지 말뿐이었다.

"출발."

커피 한잔 빼 먹고 승기가 움직인다.

"어? 돈 받는 사람이 없네."
승기가 고개를 갸웃거린다.
"그래서 무인 카페야."
피디가 핀잔을 준다.
"아, 그랬구나."
승기는 머쓱해졌다.
관광지 어디를 가나 주인이 있어 물건 값을 하나라도 놓치지 않으려 쌍 눈을 뜨고 노려본다지만 여긴 그게 없다.
주인이 없다. 돈 받는 사람이 없다. 그냥 앉아서 막은 만큼 값을 돈 통에 넣고 가면 된다. 그게 무인 카페다.

산책길을 얼마 걷지 않아 굉음이 들리기 시작했다.
승기는 긴장한다. 아니 노련한 피디도 긴장한다. 카메라맨들은 더욱 긴장한다.
대박을 잡는 순간, 호랑이를 잡으려면 호랑이 굴에 들어가라? 맞는 말이다. 엉또폭포를 잡으려면 엉또폭포에 들어가야 하는 건 말이다.
"철철철……."
시냇물 소리와 지금까지 들어 보지 못했던 힘찬 물줄기소리가 들린다. 보통 소리가 아니다.
"야, 대단하다."
모두가 탄성을 지른다.

장엄한 기암절벽에서 물안개와 아름다운 조화를 이루면서 떨어지는 엉또폭포가 드디어 그 모습을 드러냈다.

천연 난대림과 싱그러운 상록의 풍치를 안고 남국에서 최고의 아름다운 모습을 뽐내고 있다.

보일 듯 말 듯 숲 속에 숨어 지내다 한바탕 비가 쏟아질 때 위용스러운 자태를 드러내 보이는 엉또폭포의 높이는 50m에 이른다. 주변의 기암절벽과 조화를 이뤄 독특한 매력을 발산한다. 폭포주변의 계곡에는 천연 난대림이 넓은 지역에 걸쳐 형성되어 있으며 사시사철 상록의 풍치가 남국의 독특한 아름다움을 자아낸다.

엉또폭포는 서귀포시 강정동 월산마을을 지나 5백여 미터 악근천을 따라 올라가거나 신시가지 강창학공원 앞 도로에서 감귤 밭으로 이어진 길을 따라 서북쪽으로 8백 미터 정도 가면 만날 수 있다. 엉또폭포는 서귀포 70경 중의 하나이다.

밤에 제주 한라산 윗세오름에 폭우가 내린 덕을 톡톡히 본다. 1,497㎜는 육지에선 전혀 본 적이 없는, 밤사이 내린 양으로는 감히 비교가 안 되는 상상 속의 폭우란 걸…….

엉또폭보는 공포라는 딱 두 글자 외엔 딱히 할 말이 없다. 거의 물 핵폭탄이다.

"시작해."

피디가 소리친다.

"우린 밤새 뜬눈으로 지냈다오."

"이걸 보기란 백두산 백 번 올라야 천지를 한 번 본다는 말과도 맞먹거든."

"삼대가 덕을 쌓아야 본다나?"

3년이 삼대(90년)으로 펑 튀겨 졌다.

이 소리가 또 들렸다. 그랬다. 승기 눈에 비친 엉또폭포는 세상의 모든 아름다움을 한데 모으고 있다.

엉또폭포는 물안개 자욱하고 천둥 같은 소리가 들리더니만, 아래

쪽엔 떨어지는 폭포 물줄기가 물안개가 되어 솟구쳐 올라온다.

"오늘은 최고인 게야."

안내원도 기분이 좋은 것 같다.

1박 2일, 한라산 윗세오름에 우리나라 연중 강우량과 맞먹는 물폭탄, 하루치 빗물의 양이란다.

그보다 더 신기한 건, 엉또폭포 근방엔 비 한 방울 없는 쾌청한 날씨였다는 것이다. 그런데도 폭포가 되어 떨어진다니 이건 정말 행운이란다.

승기가 촬영을 끝내고 돌아오는 길에 제주도 말로 적은 것을 본다.

"데멩이 멩심헙서!"

'머리 조심'이란 뜻이다.

난대림으로 우거진 계곡의 숲속에 숨어 있다가 큰 비가 오는 날에야 제 모습을 드러내는 엉또폭포, 제주도에 사는 토박이들도 못 본 사람이 많을 정도로 보기 힘든 폭포다.

그런 폭포가 2011년 예능프로그램 1박 2일에 소개되면서 이름값을 톡톡히 한다. 특히 유명한 제주올렛길 7코스, 환상의 코스에 곁붙인 7-1 코스에 포함되면서 더욱 유명해진 폭포가 되었다.

승기는 즉석에서 노래를 불렀다.

산새들 정답게 웃고

계곡에 맑은 물소리

그곳에 우리 집 짓고 행복하게 함께 살아요.

그대가 내 곁에 있어 정다운 얘기 주고받으며

언제라도 푸른 마음으로 행복하게 우리 살아요.

엉또폭포 멀리 들려오고

시냇물소리 반주하는 그곳에서

우리 집 짓고 행복하게 함께 살아요.

그대가 항상 내 곁에 있어 정다운 얘기 주고받으며

언제라도 푸른 마음으로 행복하게 우리 살아요.

가슴을 뻥 뚫어 주는 장엄한 물줄기를 뿌리는 엉또폭포, 큰 비 오고 난 후 꼭 방문해야 하는 영순위 관광지이다.

엉또폭포는 자신의 모습을 잘 드러내지 않는다.

폭우가 내릴 때 비로소 자신의 위용을 드러낸다.

울창한 숲을 뚫고 장엄한 수직절리를 따라 쏟아지는 거대한 물기둥은 한마디로 장관이다.

“1박 2일은 정말 운이 좋았구나.”

승기가 다녀갔다는 보성시장 감초식당 순댓국밥집 벽에 걸린 만화를 보며…….

이래저래 1박 2일 팀은 행운과 생태관광을 몰고 다녔다.

06

하얀 고무신

추운 기운이 방바닥에 남아 있다. 듬성듬성 바늘 자국이 선명한 이불은 삐죽이 솜 얼굴을 내밀었다.

주영인 이불을 뒤집어쓴다. 그래야 견딜 수 있었다. 호호 입김에 목이라도 따뜻했다.

'나만 혼자야.'

주영인 입술을 깨문다.

'할머니, 할머니이.'

주영인 조그만 소리로 할머니를 불러 본다.

주영이가 어렸을 땐 어머니인줄 줄 알았던 할머니다. 할머니는 비가 오나 눈이 오나 주영이를 학교에 보내 주었다.

'어? 어디 갔지?'

할머니가 없다. 예전에도 할머니는 주영이가 잠에서 깨기 전에 일어나 바다 일을 하고 돌아오곤 했다.

그러나 오늘만은 있어 주길 바랐다.

'나하고 같이 가지 않고…….'

주영인 이불을 밀치고 몸만 덩그라니 빠져나왔다.

아침밥이래야 할머니가 차려 놓아둔 된장에 보리밥이다.

주영인 어기적어기적 한 입술 베어 먹고 부스스한 눈으로 학교에 갔다.

주영인 주위를 두리번거린다. 혹여 누군가 눈치라도 챌까 봐 조심스럽게 눈동자를 돌린다. 혹시나 하는 마음으로 할머니를 찾았다.

사람들이 모여드니 왁자지껄한 소리가 난다. 꽃다발을 든 사람도 있다. 긴 담뱃대를 문 할아버지도 보였다.

주영인 후배들이 종이로 만들어 준 꽃을 가슴에 달았다. 연필로 침을 발라 눌러쓴 '졸업을 축하합니다'란 글이 왠지 쑥스러웠다.

"지금부터 졸업식을 거행하겠습니다."

낡은 스피커지만 또렷하게 들렸다.

교장 선생님이 단상에 올라갔다. 하얀 머리가 인상적이다.

아이들은 졸업장을 받았다. 중학교에 올라가지 못하는 아이들은 그만 눈물을 훔쳐냈다.

내빈들의 축하의 말이 모두 끝났다.

"하루도 빠짐없이 학교에 보내 주신 은혜에 보답하는 뜻에서 마련한 상장과 상품을 전달하겠습니다. 이름을 부르는 졸업생과 어머니는 함께 나와 주시기 바랍니다."

졸업식장은 갑자기 조용하다. 엄숙한 침묵이 흘렀다. 다른 상장을 받을 때 시끌벅적하던 것과는 영 딴판이다. 그도 그럴 것이 이번에 주는 상은 특별한 상이다. 학교에 입학하여 졸업할 때까지 6년간 개근했다는 건 대단한 일이다. 이는 정말로 기적에 가까운 일이다. 6년 동안 한 번도 결석을 하지 않았으니 말이다.

"에, 주영이와 어머니는……. 아니 할머니께서는 단상으로 올라와 주시기 바랍니다."

스피커에서 나는 소리는 약간 떨리고 있다.

주영이는 벌떡 자리에서 일어섰다. 주먹을 불끈 쥐고 성큼성큼 단

졸업식장

상에 올라갔다.

'할머니이.'

주영인 단상에 오르면서도 할머니를 불렀다. 오늘 같은 날 할머니와 함께 높은 단상에 올라가 상을 받고 싶었다. 하나밖에 없는 귀한 상이니 더욱 그랬다.

"에, 사정에 의해서 주영이 혼자 상을 받겠습니다. 어려움 속에서도 꿋꿋이 학교에 나온 주영이를 위하여 뜨거운 박수를 보내 주시기 바랍니다."

장내는 온통 박수 소리로 가득 찼다. 수군대는 사람들이 몇 있었지만 이내 박수 소리에 파묻히고 만다.

모두 떠난 졸업식장에 주영이 혼자 남았다. 석이는 할아버지를 따라 신나게 집으로 갔지만 주영인 그럴 필요가 없었다. 집에는 아무도 없었기 때문이다. 사람의 체온이 없는 방은 썰렁하기만 할 게 분명했다.

주영인 주인 없는 발자국만 남은 운동장 구석에 웅크리고 앉아 지는 해를 바라본다.

'아, 답답해.'

주영인 힘없이 발걸음을 옮긴다.

바닷가다. 주영인 용기가 필요할 땐 바다를 찾는다.

주영인 붉은 띠를 두르고 수평선을 향해 곱게 지는 해를 바라본다.

그러다 상장과 상품을 가슴에 안는다.

검정 고무신, 할머니가 신었다면 꼭 맞았을 하얀 고무신이다.

'거기 있을 거야.'

주영인 하얀 고무신을 가슴에 품고 터벅터벅 바닷물 속으로 들어간다.

'엄마이.'

주영인 자신도 모르게 어머니를 불렀다. 그만큼 주영의 마음속에는 어머니가 자리 잡고 있었다.

할머니는 주영이가 오늘 졸업한다는 걸 잊을 리 없다. 이제껏 한 번도 가을 운동회에 빠져 본 일이 없던 할머니다.

비록 풋감과 고구마를 쪄 가지고 가는 한이 있더라도 주영이를 절대 혼자 놔두지 않았던 할머니다.

그런 할머니가 이렇게 중요한 졸업식에 나오지 않는다는 건 말이 안 된다.

그건 할머니의 답답한 마음 때문이다. 그러기에 할머닌 바다 일에 파묻힌다. 뭔가 일을 해야 잊을 수 있었다.

주영인 바닷물이 얼굴에 뿌려지는 깊은 곳에 들어가서야 정신을 차린다.

고개를 돌린다. 멀리 하얀 모래밭이 보였다.

사람의 흔적이 눈에 보였다.

굽은 허리를 폈다 굽히는 모습이 눈에 익었다.

주영인 금세 할머니란 걸 눈치 챘다. 할머니는 바다에 나와 해산물을 채취하고 있었던 것이다.

아버지는 아마도 술을 마시고 있을 것이다. 하는 일마다 되지 않아 술로 마음을 달랜다.

어머니는 기대를 않았다. 집을 나간 지 여러 해니 지금쯤 죽었을는지 모를 일이다.

할머니는 그런 주영이가 안타까웠다.

어머니, 아버지 없이 고아처럼 지내 온 주영이가 불쌍했다. 졸업식장에 나가 봐야 한다고 생각했지만 이미 발걸음은 바닷가에 와 있었다.

그만큼 답답한 날이다.

"할머니이."

주영인 가슴에 품은 하얀 고무신을 빨리 보여 드리고 싶었다. 할머니 발에 꼭 신겨 드리고 싶었다.

주영인 있는 힘을 다해 달렸다. 할머니의 등진 빨간 노을 따라…….

"할머니이-!"

주영인 더욱 힘껏 외쳤다.

멀리서 할머니가 일어서는가 싶더니 이내 굽어 버린다.

할머니는 귀가 먹어 주영이가 부르는 소리를 듣지 못했다.

"아악!"

주영인 그만 돌부리에 걸려 넘어지고 말았다.

그러자 하얀 고무신이 튕겨 나왔다.

따뜻한 온기가 서려 있는 하얀 고무신, 가슴에 고이 간직하고 있던 하얀 고무신이 바닷물에 떠내려갔다.

넘어진 주영이는 일어나지를 못했다.

무릎에서는 시뻘건 피가 흘렀다가 바닷물에 씻겨 흘러가기를 반복했다.

주영인 무릎이 깨져도 아프지 않았다.

졸업을 하고 나니 모든 게 허무했다. 힘이 하나도 없었다. 그냥 모래밭에 넘어진 채…….

07

이어도

넓은 바다 태평양 가운데 아름다운 섬이 있다.

봄엔 노란 꽃으로 단장한 너른 들판에 조랑말들을 부르고, 여름엔 파란 하늘에 푸른 나무로 둘러싸여 새들이 노래 부르고, 가을엔 샛노란 감귤 열매 냄새를 풍기고, 겨울엔 하얀 눈꽃송이가 손짓하는 정말 아름다운 섬이었다.

그러나 섬은 불만이 하나 있었다. 아기를 갖고 싶었다.

'나도 아이가 있었으면…….'

섬은 늘 그런 생각이었다. 그러다 보니 차츰 황폐해져 갔다. 나비도 떠나고 새들도 보금자리를 옮기려 했다. 향긋한 냄새를 풍기던 열매들도 입을 다물고 송이송이 춤추던 눈꽃송이들도 깊은 잠에 빠졌다. 온 섬이 병들어 갔다.

아흔아홉골

"섬을 살려야 돼."

사람들은 아우성을 치며 섬 한가운데 깊은 웅덩이를 파고 물을 가득 채워 백록담을 만들었다. 아흔아홉 개의 골짜기를 내어 바람을 막았다. 그리고 힘센 오백 명의 장군들이 섬을 지키게 했다. 그러나 아무 소용이 없었다.

"섬을 살려야 돼, 섬을……."

사람들은 이제 지쳤다. 사람들의 힘으로도 어쩔 수 없다는 절망에 싸였다. 그때였다. 하늘이 시커멓더니 빨간 불기둥이 솟아오르고 천둥, 번개가 쳤다.

"우르르 쾅쾅. 나도 아기섬을 갖고 싶단 말이야."

섬이 외쳤다. 그것이었다. 섬이 시들어 가는 것은 아기 섬이 없기 때문이란 걸 사람들은 알았다.

"섬이 아기섬을 갖고 싶어 한다."

그렇지만 사람들은 아우성을 칠 뿐 어쩔 도리가 없었다.

"큰일이다."

사람들은 걱정만 했다.

"있어, 좋은 수가 있어."

누군가가 외쳤다.

"뭔데?"

"마음의 아기섬을 만들어 주는 거야. 바닷속 깊은 곳에 마음의 아기섬을 만들어 주는 거야."

사람들은 마음의 아기섬을 바다 깊은 곳에 만들었다.

"그 아기섬을 이어도라 부르자."

사람들이 이어도를 만들자 섬은 다시 살아났다. 예전처럼 나비와 별이 모이고, 꽃이 피고, 열매가 맺히니 향긋한 냄새가 퍼지고 눈꽃도 피었다. 산호 군락지도 생겼다.

"내 아기, 이어도는 어디 있지?"

섬은 물었다. 그러나 아무도 대답하지 않았다. 산새도, 바닷고기도, 사람도 몰랐다. 이어도는 마음의 섬이기 때문이다. 아름다운 동화의 섬이기 때문이다.

그로부터 오랜 세월이 흘렀다. 이어도를 보았다는 사람이 생겼다. 한 사람이 아니라 열 사람, 스무 사람, 많은 사람들이 보았다고

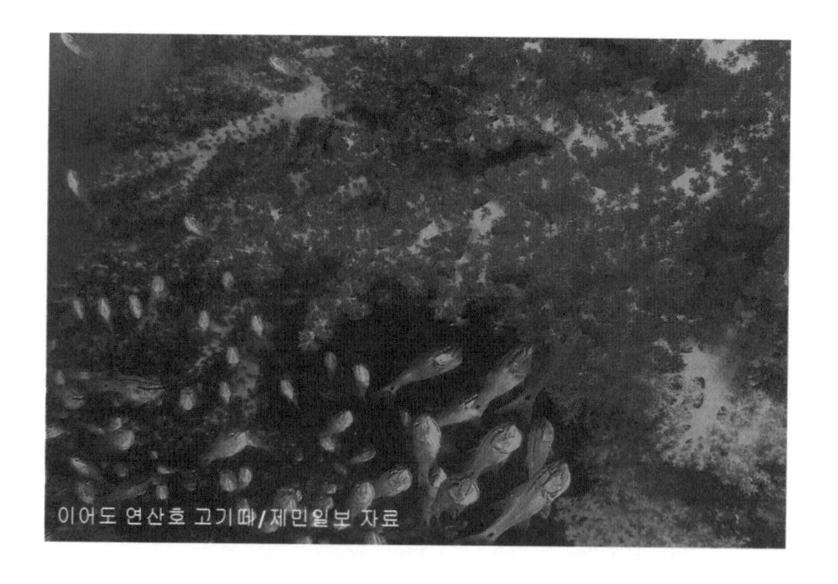
이어도 연산호 고기떼/제민일보 자료

말했다.

소문은 소문의 꼬리를 물고 흘러 나갔다.

“이어도는 어딘가 있는 게 분명해.”

힘이 센 어부들이 노를 저어 섬을 돌았지만 이어도를 찾지 못했다. 해녀들이 물속을 뒤져 보았지만 보지 못했다.

“남쪽에 있대.”

“아냐, 동쪽이래.”

사람들의 다툼을 말리는 이상한 소문이 퍼지기도 했다.

“글쎄 순범이네 배가 사흘 낮 사흘 밤을 꼼짝 못하고 바다 한가운데 있었대.”

“바닷속에서 이상한 소리가 들리더라는 거야. 용왕이 사는 용궁도 보았대.”

“인어들이 수없이 많고 욕심 많은 사람의 눈에는 보이지 않는다는구먼.”

이어도에 대한 소문은 퍼졌지만 실제로 본 사람은 아무도 없었다.

그러던 어느 날, 아기섬에 사람이 찾아들었다. 물안경을 끼고 허리엔 빗장을 차고…….

해녀들이었다.

바닷속 깊은 곳에 수석 같은 섬, 아기섬을 본 해녀들은 입을 다물

해녀들

아름다운 수중 섬/서귀포 사진 공모 입상작

수가 없었다.

온통 산호가 덮였고 형형색색 변하는 모습에 넋이 나간 것이다.

붉은 색인가 싶더니 고개 돌려 보면 금세 노란색으로 변하고…….

온갖 물고기들도 그곳에 다 모였다.

까만 줄이 그어진 은빛 물고기며 하얀 수염이 달린 물고기가 헤엄쳐 다녔다. 그러고 보니 해초들은 춤을 추고 있었다.

아무 근심걱정 없는 아기섬은 바닷속의 천국이었다.

소라들의 고동소리에 조개들의 손뼉소리가 어우러져 노래 부르는 낙원이었다.

해녀들은 시간 가는 줄 모르고 신기한 아기섬을 구경하였다.

그런데 이상하게도 오래오래 물속에 있었는데도 숨이 차지 않았다. 금빛 줄기의 안내를 받으며 해녀들이 물 위로 나오는 데는 오랜 시간이 걸렸다.

그만큼 아기섬은 깊은 곳에 있었다.

그런데 갑자기 이상한 일이 벌어졌다.

해녀들이 물 위로 얼굴을 내미는 순간 아기섬도 얼굴을 내민 것이다.

그러나 이내 파도소리에 잠겨 버렸다.

해녀들이 아기섬의 모습을 처음이자 마지막으로 본 것이다. 그 후 아무도 아기섬을 보았다는 사람이 없었다.

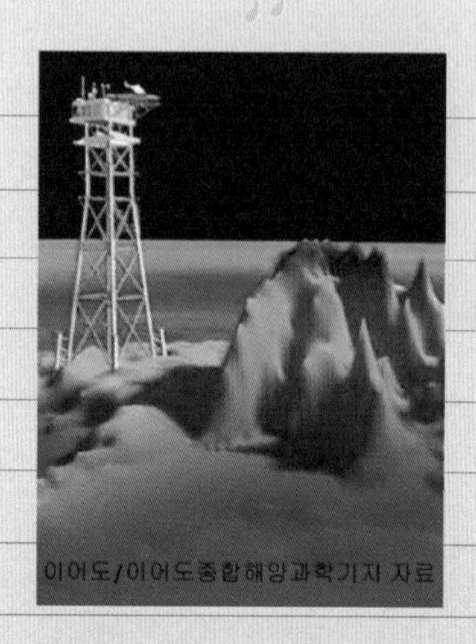
이어도/이어도종합해양과학기지 자료

물속 깊은 곳에 있다가도 물 위로 나타나는
아기섬, 온갖 물고기며 해초를 거느리고
귀한 보석으로 몸치장을 한 아기섬,
남쪽 바다의 아름다운 섬이 마음속의 아기섬으로 남아
사람들의 입에서 입으로 전해 오는 전설과 동화의 섬,
이어도가 되었다. 파랑도가 되었다.
무형문화재 제1호인
김영자 해녀는 노래를 불렀다.

무형문화재 제1호 김영자 팀(해설 변성구 박사)

해녀노래 사설

이여싸나 이여싸나 이여싸나 이여싸나

요넬 젓엉 어딜 가리 진도나 바당 ᄒᆞᆫ골로 가게

이여도싸나 이여도싸나 이여도싸나

삼돛 ᄃᆞᆯ앙 배질 ᄒᆞ게 전주사공 노념이여

붓대나 심엉 글 잘쓰긴 서울양반 노념이여

ᄒᆞᆫ목을 젓엉 남을 준덜 허리나 지덕 배지닥 말라

잘잘 가는 잣나무 배여 솔솔 가는 솔남의 배가(배냐)

우리야 배는 잼도 재다 ᄎᆞᆷ매새끼 ᄂᆞ는 듯이

잘도잘도 가는구나

이여도싸나 이여도싸나

우리 어멍 날 날 적에 가시나무 몽고지에

손에 손에 궹이 박으려 날 낫던가

이여도싸나 이여도싸나

요벤드레 끊어나지면 부산항구 아사이노가 없을소냐

오 내착이 부러지면 대마도 산천 올곧은 남이 없을소냐

이여도싸나 이여도싸나

이물에랑 이사공이 고물에랑 고사공아

허릿대 밋디 화장이야 물대 점점 늦어간다

이여도싸나 이여도싸나

요네 녹지 밤바당에 파도가 들렁 궁글리곡

자그만 여자의 마음 황금이 들엉 궁글리네

이여도싸나 이여싸나

요 물 아래 음과 금은 꼴렷어도

높은 낭의 옮매로구나

이여도싸나 이여도싸나

돈아돈아 말 모른 돈아 개도 쉐도 안 먹는 돈

창 고망도 못 불르는 돈이로구나

이여도싸나 이여도싸나

돈 아니민 부모형제 이별호곡 울산 강산

뭣이 좋아 오랏던고

언제나 나면 어동칠월 동동팔월 돌아나오리

가고야 싶은 고향산천 보고나 싶은 부모형제

얼굴을 보앙 살아보코

이여도싸나 이여도싸나

저 산천에 풀숲새는 해년마다 ᄑᆞ릿ᄑᆞ릿 젊어지고

요내 몸은 해년마다 소곡소곡 다 늙어가고

이여도싸나 이여도싸나

바농ᄀᆞᇀ이 약한 몸에 황소ᄀᆞᇀ은 병은 드난

임 오시라고 편지를 ᄒᆞ니 약만 쓰라고 답장 왓네

그와 ᄀᆞᇀ이 냉정한 님 생각하는 내가 잘못

돌아나사민 잊을 줄도 내도 번연이 알건마는

어리석은 여자로서 알고 속는 내로구나

이여도싸나 이여도싸나

08

고향 소리

어느새 성큼 찾아온 가을 이슬이 아침 기지개를 켠다.

주영인 창문을 활짝 열고 어딘가를 쳐다본다. 늘 아침이면 버릇처럼 보는 곳이다.

'힘내, 파이팅!'

바다 올렛길

주영이가 사는 아파트에 가을이 묻어났다. 아파트에 만들어진 올렛길은 주영이 아버지가 주영이만큼 작은 아이였을 때 고향에 있던 길을 가져온 것이다.

이 올렛길에는 가족들과 함께 나들이 나온 강아지가 정겹게 짖어대는 고향의 향취가 있었다.

주영이가 사는 동네에는 명품 백화점이 있다. 백화점 꼭대기에는 닭집이 하나 있다. 닭집에는 플라스틱으로 만든 장닭이 살고 있는데, 그 닭은 아침과 저녁 시간이 되면 어김없이 '꼬끼오'를 외쳐 댄다.

"꼬끼오요."

– 백화점 문을 열 시간이에요.

"꼬끼오요."

– 백화점 문을 닫을 시간이에요.

백화점 지붕에 조그만 창문에 장닭이 고개를 내밀고 울어 대면 점포 문이 하나둘 열리고 닫힌다.

"꼬끼오오오오오오."

닭 울음소리 맞춰 바쁘게 움직이던 사람들이 멈추어 섰다.

"참 신기하기도 하지? 우리 동네 명물이란 말일세."

"그럼. 그럼."

"옛날 고향에서 들었던 소리 같지 않아?"

어른들은 삼삼오오 짝을 지어 옛날을 회상한다.

"야, 저게 뭘까?"

"새인가 봐."

"에이, 바보야. 이건 장난감이야."

아이들이 발길질을 하며 장난치는 곳에 겁에 질린 병아리 한 마리가 울고 있다.

"에이, 더럽게 그걸 가지고 노니?"

누군가의 꾸중 소리에 아이들은 병아리를 내팽개치고 하나둘 사라진다.

아무도 없는 아파트 올렛길 한 모퉁이, 가을바람이라지만 겨울을 재촉하듯이 불었다.

병아리는 무서움에 떨었다. 두리번거려 몸을 기댈 만한 곳을 찾았으나 모두가 시멘트 바닥이었다. 잎사귀가 떨어지고 가지만 앙상하게 남은 나무가 손을 내밀었다.

'도와줘요.'

병아리는 올렛길을 걷는 아이를 보고 있는 힘을 다해 소리쳤다.

"어! 이건 뭐야?"

주영인 처음 보는 병아리가 마냥 신기하기만 했다. 아니 가엽게 울고 있는 병아리가 불쌍해 보였다. 병아리는 땡볕에 그을린 주둥이를 파르르 떨었다.

주영인 병아리를 책가방 속에 넣고 집을 향해 달음질쳤다.

"얼른, 갖다 버리라니깐."

어머니는 주영이 책가방 속에서 나는 울음소리에 더러운 병아리를 가지고 온 걸 눈치 채고 말았다.

"내가 키울 거야."

주영인 외치며 병아리를 들고 옥상으로 올라갔다.

주영이는 아파트 15층 꼭대기에 산다. 그러니 아파트 옥상은 주영이네 마당이나 다름없었다. 빨래도 널고 텃밭도 가꾸고 아버지는 어머니 몰래 담배도 피우곤 하는 곳이었다.

주영이가 사는 아파트 옥상 바로 앞에는 명품 백화점이 떡하니 서 있다.

거기엔 플라스틱 장닭이 언제나 아침저녁으로 힘찬 소리를 내며 사람들에게 시간을 알려 준다.

"꼬끼오요!"

어둠이 물러가고 밝은 햇살이 비쳤다.

주영이네 아파트 옥상에서 하룻밤을 꼬박 뜬눈으로 새운 병아리 귀에는 얼른 듣기엔 아버지 목소리 같은 소리가 들렸다. 그러나 아기 병아리를 부르던 다정한 목소리가 아니었다. 아침을 알리는 소리는 더더욱 아니었다.

구름이 약간 끼었지만 아파트를 비추는 햇빛이 따사롭다. 아파트 가족들은 하얀 구름 사이로 보이는 새파란 가을 하늘의 정취를 느끼며 낙엽이 수북이 떨어진 올렛길을 걸었다. 그러길 여러 번, 하였다.

병아리는 이제 어른이 되었다.

어른이 되고 보니 가짜로 만든 닭소리를 좇아 움직이는 사람들의 모습이 보기 싫었다. 외제 승용차를 타고 뽐내는 아이들의 얼굴도 보기 싫었다. 새것만 사달라는 아이들의 투정이 싫었다. 꽁꽁 닫힌 아파트 철문이 꼭 괴물처럼 무섭게 보였다.

'삶의 진실이라곤 하나도 없는 죽은 소리. 그런 소리는 아냐.'

그러던 어느 날이었다.

"어! 닭울음소리가 안 들려."

"고장 났나?"

사람들이 소곤거렸다. 어른들은 닭울음을 내고 있는 장닭이 가짜란 걸 알고 있었지만 그나마 고향의 옛 정취를 알려 주는 걸 고마워하고 있었다.

명품 백화점 장닭은 건전지 약이 다 떨어져 소리를 내지 못한 채 눈을 감았다.

'그래, 이제부터는 내가 할 거야.'

장닭은 주영이네 아파트 옥상에서 명품 백화점에 만들어진 플라스틱 닭집을 향해 날아가려 했다.

"히히, 이건 새가 아냐. 새는 나는 데 이건 날지 못하잖아."

오래전 주영이 친구들이 놀리던 소리가 귓전에 맴돌았다.

"할 수 있다고."

장닭은 죽을힘을 다해 날갯짓을 했다. "푸드덕" 날개를 펴 보았다. 지금껏 한 번도 날갯짓을 하지 못하던 날개를 움직였다. 그러나 이내 힘이 부친 장닭은 아파트 올렛길에 떨어지고 말았다.

"엄마, 엄마, 장닭이 떨어졌어."

주영이는 다급하게 어머니를 불렀다.

“뭐어?”

어머니가 베란다에 나오고 주영이는 발을 동동 굴렀다.

“빨리, 빨리 119에 신고해.”

그렇게 무심하던 아버지가 맨발로 나오며 소리쳤다.

“여기 장미아파튼데요. 새가 떨어졌어요. 새가 죽었어요.”

주영이는 전화기에다 대고 소리쳤다.

“여보세요. 장미아파트 몇 동이죠?”

119전화기를 통해 침착한 아저씨의 목소리가 들려왔다.

“3동요. 15층인데요. 새가 떨어진 곳은 3동 아래 올렛길요.”

“아, 네. 알았어요. 곧 출동하겠습니다.”

얼마 지나지 않아 사이렌소리와 함께 주황색 옷을 입은 119 아저씨들이 앰뷸런스를 타고 나타나자 주영인 울음을 터트렸다.

“괜찮다. 울지 마. 장닭은 아무렇지도 않아.”

119 아저씨들은 바쁘게 움직이면서도 주영이를 달래 주었다.

장닭은 다리가 부러졌다. 15층 높은 곳에서 떨어졌지만 조그만 날갯짓을 한 덕에 다행히도 목숨은 건질 수가 있었다. 119 아저씨들은 장닭의 다리에 약을 바르고 붕대로 감은 다음 주영이에게 주었다.

“착하구나. 여태껏 장닭을 키웠어?”

“네.”

“자, 이젠 안심하거라.”

주영인 덜컹거리는 가슴을 쓸어내리며 장닭을 바라보았다. 장닭은 눈물을 흘리고 있었다. 다리가 아파서 우는 게 아니었다. 주영이에게 뭔가 애원하는 눈치였다.

"으응? 저기 가고 싶다고?"

주영인 장닭의 눈동자만 봐도 뭘 원하는지 훤히 알 수 있었다. 몇 달을 하루같이 장닭과 지내 온 주영이었다.

"그래, 우리가 장닭을 명품 백화점 닭집으로 보내 줄게."

119 아저씨들은 눈치 채고 고가 사다리를 타고 장닭을 명품 백화점 닭집에 놓아 주었다.

장닭은 아픈 다리를 이끌고 안으로 들어갔다. 꺼칠꺼칠한 쇠붙이가 어깨와 가슴을 쏘아도 참았다.

'사람들의 마음을 움직여야 해. 잊었던 고향을 찾아 주는 게 내가 할 일이야.'

장닭은 입술을 꼭 다물었다.

밤이 되자 장닭은 어렴풋이 고향의 하늘을 떠올렸다.

'그래, 하늘의 별들이 변하지 않는 것처럼 사람들의 옛 마음도 변하지 않았을 거야.'

아침을 기다렸다. 멀리서 붉은 기운이 뻗쳤다.

'지금이야.'

장닭은 고개를 쭉 내밀었다.

"꼬끼오요."

아랫배에 힘을 주고 힘차게 외쳤다.

"아침이에요. 모두들 일어나세요. 꼬끼오요."

장닭의 목소리가 어둠을 뚫고 가늘게 뻗어 나오는 빛과 어울려 펴져 나갔다.

'으응? 무슨 소릴까?'

'쉬이.'

아직은 어둠이 물러나지 않았지만 사람들의 속삭임이 불빛 사이로 흘러 나왔다.

"여보, 저게 무슨 소리죠?"

"글쎄. 명품 백화점에서 나는 소리 같은데……."

"지난번 들렸던 소리하고는 아주 다른데요?"

"그런 것 같아. 오랜만에 듣는 소리야."

창문 사이로 숨소리를 죽이며 소곤대는 소리가 이어졌다.

"그럼요. 이건 고향의 소리랍니다. 꼬끼오요!"

장닭은 목청을 힘껏 높였다.

"고마워요, 119 아저씨. 아저씨 덕분에 저는 이렇게 외칠 수 있답니다."

가로등 불빛이 하나둘 꺼지며 밝은 해가 힘찬 걸음을 내딛었다.

"상쾌한 아침이오. 자, 오늘은 고향에 다녀옵시다."

"그럽시다. 저 소리 얼마 만이오. 지금까지 우린 너무 고향을 잊고 살았소."

사람들은 모두 고향의 하늘을 쳐다보고 있었다.

09

설문대여신

설문대여신(할망) / 금능석물원에 세워져 있다

"아바마마, 저는 저 태평양 넓은 바다 한가운데 섬을 만들어 무릉도원을 꾸미고자 하옵니다."

"뭐라? 그럼 이 하늘나라를 떠난단 말인고?"

"항공하옵니다."

설문대여신이 옥황상제의 간절한 소망을 뒤로한 채 치마에 흙을 한 아름 담고, 구름을 불러 소와 말, 오곡 씨앗을 품어 태평양 넓은 바다 한가운데에 내려와 흙을 부으니 탐라가 생겨났다.

설문대여신은 큰 키, 센 힘, 신비한 신통력을 이용하여 생물권 보전지역, 물영아리오름습지, 물장오리습지, 동백동산습지, 한라산 1100고지습지, 세계지질공원, 세계자연유산, 세계무형문화유산,

세계 7대 자연경관 등 제주도의 자연을 만들었다.

세계 유일의 9관왕 탐라를 생성하여 환경을 사랑하게 하고 산 · 오름 · 굴 · 섬 · 지하수 · 들 · 숲 · 돌 · 물 · 바다 · 고기 · 전복 · 해녀 등 모든 걸 관장하는 장대한 위상이며, 인간들과 동고동락하여 바다를 향한 꿈과 도전은 우리 곁에 언제나 살아 있어라!

새로운 생명의 씨앗을 바다에 뿌려 주고, 허허벌판 세찬 바람 이겨 내는 돌담, 올레, 바닷길, 오름길 만들어 살아 있는 것 번성하게 함이니, 비록 죽을 쑤다 죽어 자식들의 양식이 되었다지만 그건 죽음이 아니다. 재창조의 기반이어라. 대지의 꿈을 이루는 모성이어라.

탐라 생성의 천년 침묵은 신화를 만들고 천지개벽은 인간의 탄생을 알림이니, 아! 설문대여신이여! 일어나라. 다시 깨어나 제주도를 보라. 그대가 만들어 세계 어디에 내 놔도 최고임을 자랑하는 위대성, 창조성을…….

한라산이 보고 싶지 않은가? 백록담 물 들이키며 속 달래고 싶지 않은가? 천년동굴에 들어가 신비함을 맛보고 싶지 않은가? 한모살 당캐에 그대 위한 당신 세웠으니 좌정하라. 칠머리당영등굿을 세계 무형문화유산에 등재한 신화를 살려 내라. 세상사 파괴와 범죄와

살생과 시기를 멀리하고 절약 협동과 배려가 풍성한 곳, 그대 원했던 염원을 다시 일깨워라.

인간이 신화를 만들기는 하였지만 그 신화의 힘, 저력, 가능성, 신비성, 괴력은 새로운 정신문화를 창조하는 밑거름이여! 다시 이르노니, 설문대여신이여! 당당히 일어나라!

초라함, 움츠림, 조바심 다 던져 버리고 사랑과 믿음과 용서로 탐라의 정체성을 되찾는 세계의 등불, 찬란한 문화를 꽃피울 위대한 창조력을 발휘하여 다시 한 번 그대의 저력을 꽃 피우라.

해여, 떠오르라. 설문대여신의 얼굴 가리지 말고. 안개여, 가면

오백장군/돌문화공원에서

을 벗어라. 바다 타는 섬, 바람 부는 섬, 위대한 창조의 섬, 이것은 살아 있는 신화요, 지상 최고의 경관이며, 지상 최대의 걸작을 만든 설문대여신의 제주 사랑이어라.

그리스 · 로마신화가 그리 장대하더냐? 설문대신화 또한 장대함이야 세계 어느 신화에도 뒤지지 않으리라.

이렇게 설문대여신이 만든 탐라는 세계에서 가장 아름다운 섬이 되었다.

「옛날이었다. 표선 주민들은 해수욕장의 바다 수심이 깊고 파도가 거칠어서 걱정이 태산 같았다. 폭풍이 몰아치면 영락없이 파도가 마을을 덮쳐 모든 것을 쑥밭으로 만들었다. 표선 주민들이 설문대할망에게 마을앞 바다를 메워달라고 부탁하였다. 설문대할망은 표선 주민들의 소원을 들어줄 상으로 한라산에 있는 아름드리 나무를 뿌리째 뽑아다가 표선 해수욕장의 사나운 파도를 막아 주었다. 그러니 표선 해수욕장은 아름답고 넓은 모래밭을 가진 위험하지 않은 곳이 되었다.」

이후 표선 주민들은 모래밭 끝머리 포구 근처에 설문대여신을 위해 '할망당'을 짓고 고마움을 표시하고 있다.

설문대할망당(당케)

오랜 세월이 흐른 다음 아이들은 노래 불렀다.

학생문화원 옆 공원 설문대할망 동상과 노래 악보

설문대할망

바람 많고 돌 많고 여자 많아 삼다라 불리는 그곳
옛날에 설문대 할망이 살았드래요

어느 어느 날 오백장군이 아들이 되었다나요
제주를 지키려 한 명씩 한 명씩 낳았었대요.

설문대 할망이 온다 설문대 할망이와

우리 할아버지 할머니가 들려주신 이야기

거지 없고 도둑 없고 대문 없어 삼무라 불리는 그곳
옛날에 설문대 할망이 살았드래요

어느 어느 날 바다를 메워 다리를 놓았다나요
육지를 가고파 한 개씩 한 개씩 만들었대요

설문대 할망이 온다 설문대 할망이 와
우리 할아버지 할머니가 들려주신 이야기

인심 좋고 자연 좋고 산물 좋아 삼보라 불리는 그곳
옛날에 설문대 할망이 살았드래요

어느 어느 날 흙을 메워 오름을 만들었대요
오올망 조올망 하루에 한 개씩 만들었대요

설문대 할망이 온다 설문대 할망이 와
우리 할아버지 할머니가 들려주신 이야기 들려주신
이야기

제주에는 1만 8천 여 신들이 산다고 한다.
대부분 여신(여자 신)으로 삼다(三多: 세 가지 많음)의
통로 역할을 한다.
사람들은 신화의 거리를 조성하고
신들을 기리고 있다.
오랜 세월이 흐른 다음 제주의 1만 8천여 신들은
제주도를 한 바퀴 빙 돌아 동상으로 변신하여 생태
관광의 요람으로 새로운 지평을 열 것이다.

신화의 거리

10

무지개 왕자

삼신인/삼성혈 자료

하늘나라에 일곱 번째 왕자가 태어났다.

"잔치를 베풀라. 이런 경사는 내 일생에 다시없으리라."

옥황상제는 일곱 번째로 태어난 왕자를 위해 잔치를 베풀었다.

"왕자의 이름은 '보라'라 부르라."

그러고 보니 일곱 형제들은 모두 특별한 이름을 가지고 있었다.

첫 번째 왕자의 이름은 빨강이요, 두 번째 왕자의 이름은 주황이었다.

세 번째 왕자는 노랑이고, 네 번째 왕자는 초록이었다. 다섯 번째 왕자는 파랑이고 여섯 번째 왕자는 남색이라 정했다.

그리고 마지막 일곱 번째 왕자는 보라니, 머리 나쁜 대신들은 왕자들의 이름을 외우는 데도 시간이 오래 걸렸다.

오죽하면 옥황상제는 대신들이 왕자들의 이름을 외우지 못한다 하여 관직을 박탈하고 대신을 새로 뽑는 시험 문제를 일곱 왕자의 이름을 쓰는 걸로 정할 만큼 왕자들을 사랑했다.

하늘의 궁전은 매우 아름다웠다.

훌륭한 대리석으로 기둥을 세웠다. 향내 나는 나무로 벽을 꾸몄다. 시들지 않는 꽃으로 정원을 만들고 봄, 여름, 가을, 겨울을 한곳에 모아 언제든지 계절을 맘대로 왔다 갔다 할 수 있는 동산도 만들었다.

이렇게 모든 게 왕자들이 놀기 좋게 궁전을 꾸미다 보니, 왕자들의 버릇이 없어지기 시작했다.

"뭐라고? 대신 주제에 감히 왕자를 가르치려 들다니. 무엄하도다."

왕자들은 자신들의 행동을 나무라는 대신은 어느 누구를 막론하고 가만두지 않았다.

"왕자님, 체신을 지키십시오. 너무 가볍게 행동을 해선 아니 됩니다. 하늘나라를 다스릴 분이 아니십니까? 그러니 백성들에게 모범을 보이는 행동을 하는 게 마땅한 도리인가 합니다."

어느 날 보다보다 못한 제일 나이 많은 대신이 왕자들 앞으로 나섰다.

"뭐라고?"

화를 벌컥 내며 일곱 왕자들은 대신의 하얀 수염을 몽땅 뽑아 버렸다.

"네깐 놈이 수염이 길다고 함부로 구는 모양인데, 어림없다고."

이렇듯 마음대로였다. 그걸 옥황상제는 모른 척 그대로 내버려 두고 있었다.

그러던 어느 날이었다. 일곱 왕자들은 천리경으로 천하의 나라를 바라보다 고개를 갸우뚱거렸다. 참 이상했다. 조그만 사람들이 땀을 뻘뻘 흘리며 열심히 무엇인가를 하고 있었다.

"저건 도대체 무슨 짐승들인가?"

일곱 왕자들은 사람들을 처음 보았다. 머리를 길게 기른 여자들은 집안일을 하고, 키가 크고 힘이 센 남자들은 집밖 일을 하는 게 너무 재미있었다. 두 사람 사이에는 조그만 아이들이 따라 다니는 것도 보였다. 그 아이들은 노래도 부르고 옷을 홀랑 벗어 던지고는 냇물에 뛰어들어 물장구를 치는 이상한 모습에 정신을 빼앗겼다.

"형, 형! 우리 저기에 가 보자."

막내 보라가 큰형 빨강을 졸랐다.

"그럴까?"

큰형도 지금 같은 생각을 하고 있는 터였다.

"좋아. 그럼 지금 당장 내려가자."

일곱 왕자는 얼른 궁전을 빠져나왔다. 얼마를 가다 보니, 커다란 문이 나왔다. 하늘나라와 천하의 나라를 구분 짓는 천국의 문이었다.

천국의 문에는 방이 붙어 있었다.

「여기는 천국의 문이니라. 어느 누구든 내 허락 없이는 이 문을 통과할 수 없느니라. 만약 이 법을 어겼을 시는 천국의 법에 따라 큰 벌을 내릴 것이니라. – 옥황상제 백」

"형, 경고문이야."

"흥 그까짓 게 우리에겐 무슨 소용이란 말이야. 걱정 마."

일곱 왕자들은 옥황상제의 경고문을 뒤로 하며 천하의 세계로 내려왔다.

"이건 뭔가?"

일곱 왕자들의 눈은 신기함으로 가득 찼다. 조그만 땅덩이에 온갖 동물들이 노닐고 바다며 산이 따로 있고 바람도 불었다.

하늘나라 궁전에서는 과일을 한 개만 따 먹어도 평생 배고픔이라곤 없는데, 천하의 세계는 매일매일 뭔가를 먹어야 하고 추우면 옷을 입고 잠잘 때는 이불을 덮어 써야 하며, 곡식을 심어 가꾸고 짐승을 기르며 살아가는 게 신기했다.

"왜 이렇지?"

일곱 왕자들은 모두 고개를 갸우뚱거렸다.

죽은 동물

지금껏 자기네 마음대로 먹고 놀던 생각이 천하의 세계에서는 통하지 않았기 때문이었다.

밝은 낮이 있는가 하면 어두컴컴한 밤이 오고, 그리고는 힘이 센 동물들은 힘이 약한 동물들을 잡아먹고, 자동차에 치여 노루가 죽고, 병들어 아프고 나이가 들어 죽고…….

모든 게 하늘나라하고는 너무 달랐다.

“애들아, 올라가자. 여기는 우리가 살 곳이 못돼.”

“아이, 좀 더 있지.”

“안 돼, 우리처럼 하늘을 나는 새들도 죽잖아.”

일곱 왕자들은 힘껏 발을 굴러 하늘나라를 향해 뛰어올랐다. 그리고는 하늘을 날아 천국의 문에 다다랐다.

그곳에는 천하의 나라에 내려올 때 보았던 옥황상제의 경고문이 선명히 그대로 있었다.

「내 명을 어긴 자에게는 벌을 내리리라. - 옥황상제 백」

그러나 일곱 왕자들은 거들떠보지도 않았다. 지금까지 어떤 일을 해도 옥황상제는 한 번도 꾸중을 해 본 일이 없었기 때문이다. 그러니 그까짓 방을 어긴 것쯤이야 아무렇지도 않으리라 여겼다.

죽은 새

"자, 들어가자."

일곱 왕자들은 천국의 문을 밀었다. 그런데 이게 어찌 된 영문인지, 천하의 나라에 내려갈 때에는 쉽게 열렸던 문이 아무리 힘을 내어 밀어도 꿈쩍도 하지 않았다.

구름 사이 태양

"자, 다시 한 번 힘을 내고. 영차!"

그러나 어림없었다. 일곱 왕자들이 힘을 합쳐 아무리 밀어도 천국의 문은 눈 하나 깜짝 없이 그냥 그대로였다.

"이상하다. 그럴 리가 없는데……."

일곱 왕자들은 고개를 갸우뚱거렸지만 별 뾰족한 수가 떠오르지 않았다.

"할 수 없다. 다시 천하의 세계에 내려갔다가 내일 올라와 문을 열어 보자."

일곱 왕자들은 그날은 그렇게 천하의 세계로 내려올 수밖에 없었다.

그러는 사이에 하늘나라에서는 큰일이 벌어졌다. 천리경으로 천하의 세계를 내려다보던 옥황상제는 일곱 왕자들이 자신의 명을 어기고 마음대로 천하의 세계에 내려간 것을 발견한 것이다.

"이런 무엄한……."

옥황상제는 더 이상의 말을 잇지 못했다. 지금껏 단 한 백성도 자기의 명을 어겨 천하의 세계에 내려간 일이 없었는데 일곱 왕자들은 아무도 몰래 내려가 있었다.

"이 일을 어찌할거나."

옥황상제는 고민에 싸였다. 천하의 나라에 내려가면 큰 벌을 받는다는 천국의 법도는 지금까지 잘 지켜져 왔었다. 그런데 일곱 왕자들이 그걸 어겼으니, 근심 걱정이 생긴 건 당연한 일이었다.

"여봐라. 대신들을 들라 이르라."

옥황상제는 대신들을 불러 모았다. 아무리 생각해도 일곱 왕자들의 잘못은 벌을 내림으로써 천국의 법도를 지키는 게 현명한 일이라 단단히 마음을 먹었다. 비록 사랑하는 자식들이었지만, 그냥 이 일을 모른 체 덮어 두었다가는 더 큰일이 일어날지도 모르는 일이었기 때문이다.

법은 지키라고 만든 것이고, 또한 그 법은 높은 사람일수록 잘 지켜야 백성들이 믿음을 가지리라는 생각을 하고 있었다.

"대신들은 들어라. 천국의 법도는 누구를 막론하고 지켜져야 할 규칙이로다. 그 법은 왕자들이라 해서 예외를 두어서는 아니 되니라. 내 이를 지켜 천국의 법도를 바로 세우는 데 모범이 되게 하리라."

옥황상제는 천리경으로 일곱 왕자들을 바라보며 명을 내렸다.

"너희들은 천국의 왕자들이니라. 천국의 왕자답게 자신의 잘못을 뉘우치며 법에 따라 벌을 받으라. 명예를 존중하는 것 또한 지켜져야 할 법도니라. 지금부터 너희들은 천하의 세계에 남아 천 가지 일을 하라. 그 일은 사랑과 믿음과 희망을 사람들에게 심어 주는 것이로다. 명심하여라. 그러면 너희들의 몸에서 빛이 나리라. 그 빛을 보고 너희들의 죄를 뉘우침을 알리라."

옥황상제는 일곱 왕자들에게 마지막 명령을 내리고는 천리경을 꺼 버렸다.

천하의 세계에 남은 일곱 왕자들은 그때부터 지금까지 천국에서 마음대로 놀고 먹고 잠을 자던 버릇을 말끔히 씻고, 사랑과 믿음과 희망을 천하의 세계 사람들에게 심어 주기 위해 돌아다녔다.

어린이 대공원 무지개

이렇게 하여 빨주노초파남보의 일곱 빛깔 무지개는 천국의 왕자들이 착한 일을 할 때마다 옥황상제에게 알리기 위해 아름다운 빛을 뿜었다고 한다.

11

소 모는 아이

"주영아, 일어나거라."

덜커덩 문이 열리며 쉰 목소리가 들린다.

'아이, 조금만 자고이.'

주영인 속으로 소리친다. 일어나기가 싫다. 새벽이 오려면 아직 멀었다.

초가집 불빛/돌문화공원에서

찬바람이 소리 내어 두리번거린다. 가을이라는 하지만, 이른 아침 4시의 냉기는 겨울의 문턱을 넘은 지 이미 오래다.

"이놈아이, 뭐하누?"

쉰 목소리가 이젠 깨진 목소리로 바뀐다. 조그만 더 늦장을 부렸다간 날벼락이 떨어질 것 같다.

그게 아버지 성미다. 웬만한 일에는 그냥 지나치다가도 두어 번 얘기해서 반응이 없으면 물불을 가리지 않는다. 불같은 성미가 폭발하면, 손에 잡히는 건 무엇이든 집어던진다. 던지고 깨 버린 후에야 후회하곤 한다.

그러나 주영이는 그런 아버지가 두려운 게 아니다. 오래 멀리 걷기가 싫은 것이다.

'에이, 정말 싫은데…….'

주영인 속으로 외쳐 본다.

아직 해가 뜨려면 멀었다. 아니, 시계가 없으니 정확한 시간은 몰라도 닭이 울려면 아직도 한참은 있어야 한다.

"펄떡 일어나라니깐."

아버지의 마지막 경고를 들어서야 주영인 비시시 자리에서 일어난다.

다 쭈그러진 바지가 이리저리 비비 꼬여 무릎에 바싹 달라붙었다.

엉덩이에 누더기처럼 꿰맨 천이 나풀거린다.

"고놈, 질기기도 하지."

아버지는 주영이 머리를 쓰다듬는다.

"얼굴 좀 씻어라. 서둘러야지."

아버지는 마당으로 나서며 소리를 낮춘다. 아직 사람들은 깊은 잠을 자고 있을 시간이다.

방에는 어머니가 자고 있다. 밭일에 바다 일까지, 다른 사람보다 두 배로 일하는 어머니다. 그래서인지 소를 팔러 가는 일은 언제나 아버지 몫이다.

옛날 시장/제주 100년 사진집 자료

오늘은 아버지와 주영이가 소를 몰고 성내에 가는 날이다.

이런 날은 서너 달에 한 번쯤 일어난다.

아버지는 이리저리 돌아다니며 싸구려 소를 사오고는 여러 달 콩을 쑤어 먹이면 그런대로 모양새가 잡혔다. 그런 소를 끌고 성내에 내다 팔면, 그날만큼은 맛 좋은 고깃국을 먹었다. 그게 주영이 아버지가 하는 일이다.

주영인 눈을 비비며 고양이 세수를 하고 얼른 아버지를 따라 나선다. 외양간에서는 검은 소가 눈을 끔적이며 주영이를 반긴다.

콩깍지쯤 한 아름 안겨 주는 건 주영이다. 그러니 말 못하는 소도, 주영이의 발자국 소리만 들려도 반기는 눈치다.

"오늘은 없대이. 콩깍지를 아껴야 다른 소에게 먹일 끼라."

주영이는 미안했던지 검은 소귀에 대고 소곤거린다.

"자, 가자야. 늦겠다."

아버지가 재촉한다.

주영인 검은 소의 목에 줄을 감는다. 가지런히 세워 두었던 막대기를 하나 집어 든다.

검은 소는 어쩔 수 없이 외양간을 빠져 나온다. 영 걸음걸이가 시원치 않다. 이별이란 걸 눈치 챈 모양이다.

"체, 누가 모를 줄 알고? 가기 싫어도 가야 된단 말이야."

주영인 연신 중얼거린다.

지금부터 열 시간은 족히 걸어야 한다. 다섯 시간 걸어 성내에 도착하면, 소를 팔고 다시 다섯 시간은 걸어야 집에 온다는 걸 주영인 안다.

그게 얼마나 긴 시간인지 생각만 해도 오돌오돌 떨린다.

주영인 검정고무신을 입에 대고 후후 불어 본다.

옷소매로 쓱 닦으니, 그런대로 끈적거리던 물기는 닦였다.

헤진 양말 사이로 엄지발가락이 비쭉 얼굴을 내민다. 그렇지 않아도 큰 고무신이 훌렁거려 발바닥에 물집이 생겼다 터지기를 말도 못하게 많이 했다.

'치, 이번엔 운동화를 사 달랄 거야.'

주영인 단단히 다짐한다.

지난번에는 아버지하고 금석 같은 맹약을 했다. 소를 팔아 돈이 남으면 운동화를 사 주겠다던 아버지는 술만 마셨다. 소를 팔지 못하고 그대로 되돌아와야 했기 때문이다.

고무신이 발보다 컸다.

큰 고무신이 벗겨져서 걷기에 영 불편했다. 자꾸 벗겨지려고만 하니, 그걸 막느라 엄지발가락으로 고무신을 꼭 눌러 잡아당기면서 걷는 게 그리 쉬운 게 아니었다. 오래 걸어야 할 일이 생기면 신에 발을 맞춰야 했다.

"빨랫비누를 바르거라. 보릿대에 비누칠하고 고무신 속에 넣으란 말이야."

아버지가 언제 눈치 챘는지 주영이에게 요령을 가르쳐 준다.

주영인 얼른 보릿대를 꺼내 빨랫비누에 비벼 대고는 고무신에 꾸겨 넣는다. 거칠 거리던 양말도 조금 부드러워졌다. 미끈거리는 촉감이 새롭게 다가왔다.

"자, 가자이."

아버지는 검은 소의 궁둥이를 철썩 때린다. 그래도 말을 안 들으면 작대기로 철썩 때렸다.

가기 싫은 길이란 걸 알지만, 검은 소는 어쩔 수 없이 주영이가 시키는 대로 걷는다.

찬바람이 주영이 얼굴을 때린다. 얼굴은 거칠지만 아직은 부드러

팔려 가는 소/제주 100년 사진집 자료

운 기가 남아 있는 볼이다. 그런 볼에 이른 아침 찬바람은 살을 에듯 주영이를 괴롭힌다.

멀리서 개 짖는 소리가 들린다. 단잠을 깨운 나그네가 미워서인지 악을 쓴다.

"휴우-."

길게 한숨을 쉬는 아버지는 힘에 겨워 보인다.

아들에게는 힘 있는 아버지로 보이려 애를 쓰지만 실은 그게 아니다. 요즘 들어 부쩍 힘들어한다.

성한 몸도 아니다.

주영이 아버지는 한쪽 다리를 절뚝거린다. 몇 해 전, 담을 쌓다 돌담이 무너져 깔리는 바람에 다리가 부러졌다. 약 한 첩 제대로 쓰지 못해 썩어 들어간 살은 한쪽 다리를 가느다랗게 만들고 말았다.

그 후 부러진 다리는 휘어진 채 그냥 있었고, 힘이 부친 한쪽 다리는 절뚝거리게 되었다.

"아버지에, 이번엔 운……."

주영인 운동화 얘기를 꺼내려다 그만 접는다. 그런 말을 할 기분이 아니다.

자신의 마음을 받아들일 여유가 없다는 것을 눈치 챘다.

아버지 입에선 술 냄새가 풍겼다. 아침술이다.

아버지는 술을 마시면 독해진다. 이를 악물고 살겠다는 다짐 아닌 각오 때문이다.

이럴 땐 주영이는 아무 말을 못한다. 한 푼이라도 아껴 모으는 아버지가 그저 야속할 따름이다.

친구들이 아버지의 걸음걸이를 보며 병신이라 놀려대도 참을 수 있었지만, 신발이 벗겨지고 구멍 뚫린 검정고무신 밖으로 내민 엄지발가락 발톱이 벗겨질 땐 운동화 생각이 더욱 간절했다.

"이랴, 가자꾸나."

아버지는 검은 소를 이끈다. 소는 느릿하게 걸음을 내딛는다. 주영이는 검은 소 뒤를 졸졸 쫓아 나선다.

멀리서 파도 소리가 들린다. 한길 가까이 다가오는 걸 알린다.

찬바람은 더욱 기세를 부린다. 살을 에일 듯이 휙 돌아 주영이 코를 스친다.

주영이 코가 벌써 벌겋게 달아올랐다.

꾹 눌러쓴 검정모자가 이마를 누르니 아프다. 그러나 그렇게 하지 않고는 바람에 모자가 날린다. 그 모자는 만능이다. 학교 갈 때면 학교 모자다. 겨울철이면 따뜻한 털모자 역할을 한다.

머리에 이가 생긴다며 겨울에도 주영이 머리는 빡빡 깎인 상태다. 이럴 때 모자는 바람막이가 되어 준다. 한여름에는 햇볕을 막아 주는 가리개 역할까지 하니, 일석 삼조로 써 먹는 모자다.

오늘 같은 날에는 바닷바람을 막아 준다. 아니, 성내에 들어서는 순간부터 주영은 모자를 꾹 눌러쓴다.

주영이 모자는 이상한 아이라고 흘겨보는 성내 꼬맹이들의 눈길을 막아 주는 바람막이인 셈이다. 머리를 길게 땋은 여자 애들이 촌놈이라고 놀릴까 봐 마주치는 눈을 가려 준다.

자갈을 깔아 놓은 큰길이 걷기에 불편했다. 멀리 있는 산이 으스스한 게 꼭 괴물처럼 다가왔다.

주영인 다시 모자를 꾹 눌러썼다. 절뚝거리며 걷는 아버지의 모습도 보이지 않아서 좋았다. 주영인 땅만 보고 걸었다.

부스럭거리던 보릿대도 기가 죽어 소리를 내지 않는다. 잘게 부셔져 엄지발가락 앞에 쌓였다. 그런대로 검정고무신은 발에 맞았다. 비누칠한 기운 때문에 미끈거려 기분이 좋았다.

오늘따라 아버지도 말이 없다. 그냥 절뚝거리며 걸었다.

검정고무신에서 타이어 타는 냄새가 나기 시작했다. 오래 걸어서 주영이 발끝이 벌겋게 달아올랐다.

아버지가 앞에 가고 그 뒤로 검은 소가 저벅거리며 박자를 맞춰 주니 무서움은 없었다.

한참을 걷다 주영인 하늘을 봤다.

촘촘히 박힌 별들이 차츰 눈가의 빛을 잃어 가기 시작했다.

서서히 새벽이 찾아오고 있었던 것이다.

들녘에 있는 고구마 잎사귀가 보일 만큼 주위는 밝아 있었다.

성곽이 눈에 들어 왔다.

"다 왔다. 주영아 힘 좀 내거라."

아버지는 그 말만 했다. 다섯 시간을 걸었는데도 쉬자는 말 한마디 없던 아버지가 마지막 힘을 내라는 소리만 했다.

주영인 아무 말이 없었다. 할 말이 없었다. 친구들은 성내에 다녀왔다면 찐빵이 어떻고 생엿이 어떻고 하며 자랑하지만, 주영이에겐 그게 없다.

"아이쿠, 다 왔다."

아버지는 그제야 숨을 길게 내쉬었다. 얼마나 힘이 들었을까? 성치 못한 다리를 절뚝거리며 먼 길을 걸었으나 주영이에게 힘든 모습을 보이지 않으려던 기세는 아무도 몰래 속으로만 삼키고 있었다.

성내에는 사람들이 많았다. 하얀 천막을 치고 뽀얗게 솟아오르는 연기를 보니, 아침밥을 짓는 모양이다.

한밤중에 길을 나서면 아침이 되어야 성내에 다다르게 된다.

오늘도 예외는 아니다.

그냥 손해 본다며 팔아넘긴 검은 소 값은 신문지에 둘둘 말려 주영이에게 맡기고, 아버지는 아무 말 없이 천막집에 들어선다.

"아이고, 이게 얼마 만이여?"

천막집에는 반갑게 맞아 주는 아주머니가 있다.

주영인 그 아주머니기 싫었다. 살랑살랑 유혹하는 듯한 목소리는 집에 있는 어머니와는 달랐다. 그냥 손을 덥석 잡으며 몇 년 만에 만나는 사람처럼 아버지를 반갑게 맞이한다.

"그래, 잘 있었는가?"

아버지도 누런 이를 드러내며 웃는다.

"소피 듬뿍 넣고 우동 두 그릇 주게나."

아버지는 늘 같은 메뉴다. 한 번쯤은 찐빵을 사 줄 만도 한데……. 남들이 다 먹어 봤다는 엿장수도 코앞에 있지만 눈도 돌리지 않았다.

아버지는 오늘은 막걸리를 먹지 않았다.

"잘 먹고 간다오."

간단한 인사말만 하고는 자리를 뜬다.

사람들이 우글거리는 좁은 길을 아무 말 없이 절뚝거리며 걷는 아버지의 다리는 힘이 없어 보였다.

주영이는 아버지 뒤를 졸졸 따라 다녔다. 아버지는 왔던 길을 그냥 돌아가고 있었다.

"기다리거라."

아버지는 주영일 뒤로 한 채 어디론가 사라졌다. 잠시 후 아버지 손에는 신문지에 쌓인 뭔가를 들려 있었다.

"이걸 가지고 집에 먼저 가거라."

주영이는 묵묵히 받았다. 무엇이 들었는지 궁금하지도 않았다. 알려고도 하지 않았다.

그저 집에 갈 일이 걱정이었다.

올 때는 그런대로 검은 소도 있있지만 지금은 상황이 아주 다르다. 혼자 그 먼 길을 되돌아간다는 게 그리 쉬운 일이 아니었다.

주영인 혼자 걸었다.

아침에 들리던 파도 소리도 다른 소리에 섞여 들리지 않는다. 그렇게 악을 쓰며 캥캥거리던 개들도 이제는 무관심하다. 길가에 있는 빨갛게 물든 코스모스 잎이 바람에 떨어지지 않으려고 발버둥 친다. 하늘에 떠 있는 하얀 구름은 주영이를 따라 촐랑거린다.

멀리 낮익은 산이 보였다. 방목하는 소도 보였다. 집이다. 집이 가까이 있다.

넓게 펼쳐진 모래밭에는 죽은 멸치 떼가 햇빛이 반짝였다. 움푹하게 패인 한길 한쪽의 웅덩이에는 쓰레기 썩은 냄새가 진동했다. 그러나 주영이에게는 아무렇지도 않았다. 주영이는 아버지가 준 신문지 두 뭉치를 꼭안고 집에 가는 것뿐이었다.

'치, 이게 뭐란 말이야.'

주영인 괜히 신문지 뭉치를 나무라며 바닷가로 향했다.

모래밭과 돼지오줌보 축구공 만들기

넓은 모래밭이 눈에 들어온다. 돼지 오줌보 축구를 하던 곳이다.

주영이가 태권도 연습 할 때면 늘 왔던 곳이다. 발목에 모래주머니를 차고 얼마나 달렸던 모래밭인가? 아버지랑 소를 길들이기 위해 얼마나 뛰고 걷고를 했던 곳인가?

주영인 힘없이 자리에 주저앉았다.

엉덩이에 모래가 묻었지만 그까짓 것쯤 아무것도 아니었다. 지쳤다. 아침 일찍 일어나 아침밥도 안 먹고 다섯 시간을 걸어서 성내에 다다라서야 겨우 우동 한 그릇 먹은 게 전부였다.

배에서 꼬르륵 소리가 나도 배가 고프지 않았다.

휭 하니 던져 버린 신문지 뭉치가 또르르 굴러가며 풀렸다.

'어! 운동화?'

운동화였다.

운동화가 신문지에서 떨어져 나와 주영을 보고 빙그레 웃고 있다.

'아버지가?'

주영인 얼른 운동화를 움켜잡았다.

따뜻한 손 기운이 그대로 남아 있었다.

아버지는 주영이가 갖고 싶어 하는 운동화를 사 주고 싶은 마음을 가슴 깊이 간직하고 있었다.

오늘도 소를 모는 아이는 그렇게 혼자 땅바닥에 앉아 운동화를 꼭 껴 앉고 먼 하늘을 천천히 올려다보고 있다.

12

신호등

"엄마, 빨간불이야."

"괜찮아 아무도 보는 사람이 없는데."

"안 돼, 학교에서 배웠단 말이야."

"엄마가 바쁜데……."

"치, 엄만 지난번에 나에게 말했잖아. 나쁜 일 하면 못쓴다고."

"이런 맹추. 세상에 눈치라는 것도 있어야 돼."

"그건 안 돼."

철 늦은 비가 내리는 날이었어요.

눈이 내려야 할 텐데 아직 비가 내린다니까요.

사람들이 발걸음이 뜸한 모퉁이에서 들리는 소리랍니다.

"엄마, 파란불."

한동안 말이 없던 소녀와 어머니가 지나간 자리엔 발자국만이 남는답니다.

"내가 잘못 생각했단다."

"미안해요. 엄마."

"아냐, 너의 행동은 훌륭했어."

"고마워요. 엄마."

"역시 내 딸 답구나. 요즘 아이들보다 어른들이 잘못이 더 많은 것 같구나."

"아녜요. 나쁜 아이들도 있는걸요."

"그건 어른들이 잘못된 행동을 본받아서 그런 거지. 앞으로 나에겐 그런 잘못된 일은 다시없을 거란다."

비에 씻긴 횡단보도의 하얀 선이 선명하게 보였답니다.

소녀와 어머니의 환한 얼굴이 빗속에서도 밝게 웃고 있었답니다.

소녀와 어머니이 손은 어느새 꼭 잡혀 있는 걸 보았답니다.

정말이지 나에게 이런 일이 많이 생겼음 얼마나 좋을까?

그건 나의 희망이었답니다.

세상은 온통 바쁨과 어지러움으로 가득 차 있었답니다.

바쁜 사람, 바쁜 차, 사람과 차들이 달리기 경주를 보아 온 나랍니다.

나의 존재는 생각지도 않은 사람 그리고 차, 그런데 오늘 난 나의 웃음을 찾았답니다.

소리 없이 내리는 밤비는 사람들의 그림자를 지웠습니다.

어둠은 나의 머리에 내려앉고, 가로등의 이젠 빛을 바래며 나의 눈을 간지럽힐 때 나는 나의 탄생을 그려 봅니다.

난 일주일 전에 태어났답니다. 그날은 더없이 기쁨에 찬 사람들의 얼굴을 보았습니다.

사람들의 웅성거림이 들렸고요.

"역시 잘 세웠어."

"그럼, 진작 세웠어야 되는 건데."

"이젠 사고가 나지 않을 거야."

"암, 전에는 얼마나 불안했었는데."

사람들의 말을 들으니 알 것 같았답니다. 사람은 사람대로 먼저 가려고 서둘렀을 것입니다.

요즘 하는 꼴을 보니…….

내가 처음 세워지던 날 난 반짝 빛나는 눈동자를 보았어요.

3층에서 조그만 문을 열고 턱을 손으로 고이고 앉아 있는 아이, 밝은 입가에 흐르는 미소는 나를 편하게 만들어 주기에 충분한 인정을 남고 있었어요.

매일 아침이면 누구보다 먼저 나를 반기는 아이, 해님이 아침 인사도 하기 전에 그 소년의 눈은 빛났답니다.

사람들과 차들이 멈춘 시간이면 난 늘 소년의 창가를 기웃거리지요.

소년의 책가방 속엔 무엇이 들어 있을까? 소년의 일기장엔 어떤 꿈이 그려져 있을까?

난 살며시 소년의 일기장을 펼쳐 보았어요.

“어?”

내 모습이 울상이 된 나의 모습이랍니다.

소년은 벌써 나의 맘을 읽고 있었답니다. 소년은 사람들이며 차들의 행동을 나무라고 있었습니다. 소년의 일기장은 곧 나의 마음을 그렸답니다.

일기장을 한 장 앞으로 넘겨 보았어요.

소년의 일기장엔 내가 태어나기 전에 있었던 일이 그려져 있었답니다.

끔찍한 일이 일어났대요.

사람들이 모여들고 피투성이가 된 어떤 사람이 빨간불을 번쩍이며 요란한 소리를 내는 자동차에 실려 갔더랍니다. 그 사람은 죽었대요.

그런데 그보다 더 기막힌 일이 있답니다. 재수가 없어 차에 치었더라는 야속한 말이랍니다. 다른 사람들은 아무런 탈이 없었는데 그런 사고가 났다며 수군대는 사람들이 그렇게 미울 수가 없었더래요.

소년의 눈앞에 비쳐진 광경은 조그만 소년의 마음을 얼마나 아프게 했을까요? 그래서 내가 세워졌대요.

태풍 속 파란신호등

내가 있으면 모든 일이 해결된다나요?

그렇지만 그건 아니랍니다.

나에겐 사람들의 생명을 지켜 줄 힘이 없답니다. 사람들의 생명은 사람들 스스로가 지켜야지 어느 누구도 대신 지켜 줄 수 없답니다.

난 단지 사람과 차들이 건너갈 시간을 알려주는 일 밖에 다른 일은 하지 못하거든요. 그런데도 사람들은 모든 일을 나에게 맡긴답니다.

내가 없을 땐 나를 필요로 하더니 내가 있고난 후에도 별로 달라진 게 없더라니까요.

나를 무시하려는 사람들이며 차들이 나를 더욱 슬프게 만든답니다.

““잠시 기다려요.”

멈춘 신호등

내가 아무리 외쳐도 사람들의 발은 벌써 차도에 나와 있답니다.

무슨 바쁜 일이 있는 것처럼…….

"이젠 건너가요."

내가 소리치기가 무섭게 기다렸다는 듯 씽 하게 지나간답니다.

근데 이게 웬일입니까? 그렇게 바쁜 것 같던 발걸음이 갑자기 느림보가 되는 거예요.

"빨리요. 빨리."

내가 아무리 고함쳐도 막무가내랍니다.

이런 일을 보며 난 생각했답니다. 언젠가 큰일이 일어날 것이라고…….

웬일인지 요즘 비는 한번 내리기 시작했다 하면 끊일 줄 모른답니다.

그래서인지 차들이 다니는 길은 무척 미끄러웠어요. 난 큰소리로 외쳤답니다.

"조심조심 하세요."

나의 외침을 듣지 않은 사람이 있었어요.

그때였어요.

"삐익-!"

괴상한 소리가 들렸어요.

그와 함께 비명 소리가 나의 귀를 때린답니다.

"아아악."

드디어 일이 일어나고 말았답니다.

그렇게도 내가 걱정하던 사고가 생긴 것이랍니다.

“사람이 죽었다. 사람이.”

아우성치며 사람들의 허둥대는 모습이 왠지 나의 가슴에 구멍을 뚫어 놓는답니다.

소년의 창문도 그와 동시에 열렸어요. 소년의 입은 굳게 닫혀 있답니다.

나는 생전 처음으로 사람이 차에 치어 죽는 모습을 보았답니다. 똑바로 눈을 뜰 수 없었어요.

‘안 돼 내가 있는 한 이런 일이 벌어져선…….’

나의 외침은 나만이 듣는 소리 없는 외침에 불과했습니다.

교통 경찰관이 나오고 사람들이 웅성임이 이어지며 한동안 정신 없이 보냈답니다.

그날 밤은 유난히도 무척이나 길었어요.

‘혹 나의 실수로.’

‘아냐.’

‘난 그때 빨간불을 켜고 있었어.’

‘난 사람에게 기다리라고 외쳤어.’

‘그런데 나의 말을 듣지 않았어.’

소년은 나의 마음을 알겠지? 힘없는 밤이 지났답니다.

침울하게 내리던 비도 그쳤어요. 오랜만에 보인 해님의 환한 얼굴엔 새로운 기운이 넘쳐흐름을 보았답니다.

나도 해님마냥 새로운 힘을 가쳐야 된다고 생각했어요.

지나간 일은 지나간 일이고, 이제 앞으로의 생활에 더욱 충실해야겠다는 새로운 각오가 생겼답니다.

"으응?"

해님이 막 나에게 다가오는 순간이었어요.

무심코 내려다본 나의 발 밑, 거기엔 창가의 소년이 있었답니다.

하얀 어깨띠를 두른 채 말이죠.

첫째도 질서, 둘째도 질서, 셋째도 질서

소년의 손에 들린 하얀 종이엔 또랑또랑한 글씨가 활짝 햇볕에 빛나고 있답니다.

신호등 질서

그러고 보니 오늘 아침엔 뭔가 달라진 게 있다 싶었다니까요.

"장하구나."

"암, 우리 어른들도 못하는 기특한 일이지."

"솔직히 지금까지 우리가 너무 심했나 봐."

"그러게 말이야."

"신호등이 없었을 땐 신호등만 있으면 잘될 줄 알았는데."

"글쎄 그게 아니더라고 마음 자세가 문제지."

"옳은 말이오."

"자, 우리 모두 질서를 지킵시다."

"좋아요. 좋아."

"정말 상쾌한 아침이오."

사람들이 그렇게 달라질 수가 없다니까요.

그날 이후로 몰라보게 달라졌답니다. 누구 한 사람 나의 신호를 어기는 일이 없었거든요.

그런데 유난히 비가 많았어요. 태풍에 이어 또 태풍. 온 세상이 물바다가 되었답니다. 학교 운동장도 수영장 같더라니까요.

세찬 바람에 찢긴 도시는 울상을 짓는답니다.

힘깨나 자랑하던 가로수도 뿌리째 뽑히고……. 그러나 난 있는 힘을 다해 꿋꿋이 내 자리를 지켰답니다.

태풍 학교

태풍도 지나고 하늘이 뚫린 것 같이 쏟아지던 비도 그쳤어요.

하늘은 한층 높아졌고요. 하얀 구름 하나가 한가롭게 하늘을 여행하는 어느 날 오후였답니다.

무슨 일인지 밝은 날인데도 차에는 불이 켜 있었어요.

요란히 경음기도 울렸고요.

"빨리 빨리."

누군가의 외침도 들렸어요.

'어 무슨 일일까?'

난 정신을 번쩍 가다듬었어요.

그리고는 고개를 쭉 내밀어 차 속을 기웃거렸어요. 차 안으로 창백한 얼굴이 보였어요.

그 사람은 아픔을 이기지 못하는지 신음 소리가 나에게 까지 들렸답니다.

"이키, 바쁘다. 바빠."

난 빨리 파란불로 바꾸었답니다.

횡단보도를 지나던 사람들은 나의 행동에 따라 재빨리 길을 비켜주었답니다.

아픈 사람을 태운 차는 나에게 고맙다는 인사를 할 겨를도 없이 어디론가 떠난답니다.

난 마음속으로 그 사람이 빨리 완쾌되기를 빌었죠. 틀림없다고요. 그 사람은 건강을 되찾을 거예요.

난 기분이 좋았어요. 좋은 일을 했을 때의 기분이 어떤 것인지 알았으니까요.

근데요. 문제는 다음에 생겼답니다. 내가 끔뻑거리는 불빛에 따라 어김없이 따라 주는 사람들의 얼굴 모습이 너무 재미있었어요. 발을 동동 구르며 파란 불리 켜지기를 기다리는 아가씨의 모습은 더 재미있답니다. 그런 때 짐짓 더 느리게 파란불을 켜요. 그러면 그 아가씨는 막 울상이 된답니다.

'히히, 약 오르지?'

난 사람들을 향해 빈정거렸어요. 그래도 사람들은 나에게 꼼짝 못하죠.

내가 화를 내어 파란불을 켜지 않으면 영영 갈 길을 못가니까요.

드디어 일을 벌어지고 말았어요.

너무나도 나의 신호를 잘 따르는 사람들이며 차들의 고마움을 잊은 채 난 나의 일을 하지 못했거든요.

다리도 아프고 끔뻑 불빛을 바꾸는 게 싫증이 났던지 난 그만 졸고 말았답니다.

사람들이 다니는 횡단보도에 파란불을 켜 놓은 채…….

얼마를 잤는지 몰라요. 시끄러운 차 소리가 잠결에 막 들렸어요. 기다리다 지친 차들의 아우성이랍니다.

눈을 비비며 차들이 다니는 길을 봤어요.

근데 이게 웬일이예요? 끝도 안 보이게 차들이 줄을 지어 꼼짝도 안 해요.

'어어 차들이 모두 고장인가?'

잠이 덜 깬 탓인지 이런 생각밖에 들지 않더라니 까요.

"야 뭐하니? 빨리빨리."

창가의 소년이 내려와 나의 다리를 꼬집으며 재촉했어요.

"아니 왜?"

"이런 맹추. 지금 차가 건너는 길엔 빨간불이란 말이야."

"뭐어?"

난 정신이 번쩍 들었어요.

빨리 파란불로 바꾸었죠. 차들이 모두 지나간 후 소년은 나를 발로 꽝꽝 차며 쳐댔어요.

"이런 멍텅구리. 너 다시 한 번 이런 일이 있어봐라. 가만두지 않을 테니"

13

곽금 8경

「해가 솟는 산마루에 노을이 핀다/서기어린 영봉의 강한 저 기운/우람한 사장 벌에 모이는 일꾼/그 이름 빛나는 우리 곽금교.」

학교에서 노랫소리가 들렸다.

옛날 시골학교와 교가 악보

'이크, 늦었나?'

주영인 벌떡 일어난다.

'아참, 오늘은 노는 날이지.'

주영인 다시 이불 속으로 몸을 숨긴다.

'에잉, 심심해.'

주영인 연신 몸을 뒤척이며 어제 일을 생각해 본다.

주영인 넓은 바닷가에 혼자 앉아 있다. 사람들은 이 바닷가를 '곽지과물해변'이라 부른다.

과물해변 사이로 곱게 물든 하늘에 아름다운 그림이 그려져 있다.

어머니 얼굴이다.

'엄마.'

주영인 어머니를 불러 본다. 그러나 대답이 없다.

그때였다.

"주영아야."

어디선가 주영이를 부르는 소리가 들렸다.

'어디지?'

주영인 누군가가 부르는 소리에 이끌려 멸치그물 보관집(멜막집) 앞에 앉는다.

멸치 잡는 그물을 보관해 두는 멜막

주영이가 멜(멸치)을 구워 먹던 곳이다.

멸치는 테우를 타고 나가 멜 그물로 잡는다. 아니, 멸치가 밀물 때 너무 많이 모래밭으로 들어와 썰물 때 바다로 되돌아가지 못해 모래밭에 널려 있다. 더러는 원담(돌로 만든 그물)에 갇혀 있기도 하다.

주영인 원담에 갇혀 있는 멸치를 검정 고무신으로 건져 올려 굵은 소금 몇 개 툭툭 털어 넣어 구우며 구수하게 익는 것을 바라보기만 해도 배가 불렀다.

구운 멸치는 머리통을 손으로 쥐고 한 입에 쑥 내리쓸면, 뼈와 창자만이 고스란히 남았다. 이런 일은 일상생활처럼 아주 익숙했다.

멜그물과 테우/제주사진 100년 자료

주영이가 나고 자란 곳은 바닷가였다. 하얀 모래밭이 넓게 펼쳐진 조그만 마을이었다. 이 모래 밭에서 멸치잡이를 하는 날이면, 멸치 비늘이 햇볕에 빛나 장관을 이룬다. 그래서 이를 '장사포어'라 부른다. 장사포어란, 넓은 바닷가에 있는 모래밭이란 뜻이다.

하얀 모래가 눈이 부셨다. 깨끗했다. 그곳에서는 멸치를 많이 잡았다. 그 모습이 굉장했다. 밤에는 불을 밝히고 멸치를 잡는 풍경이…….

[illegible]포어서 [illegible]제를 맞아 사람들이 맨손 고기 잡기 준비를 하[illegible] 있다.

「옛날이었지. 마을 어귀에는 예쁜 처녀가 살았단다. 모두들 하늘에서 내려온 선녀라고 수군거렸지. 마음씨 또한 비단 같았어. 어느 날이었지. 그날은 날씨가 꽤 무더웠단다. 찌는 해에 사람들은 혀를

천덕이 우물(설화에 나타난)과 버드나무

획획 내둘러야 될 만큼 더위에 지친 날이었어. 해가 중천에 떠 있을 때였지. 나그네가 찾아 들었단다. 먼 길을 걸어온 터라 온몸이 땀으로 범벅이 되었어. 나그네는 숨이 넘어갈 듯 허덕거렸단다. 그런데 그때 나그네에게 구세주가 나타난 게야. 우물이란다. 단숨에 우물가로 달려간 나그네는 마침 물을 긷는 사람에게 염치 불구하고 물을 달라고 했지. 그곳에는 '천덕'이라는 예쁜 처녀가 물을 긷고 있었던 게야. 나그네가 목이 말라 물을 달라기에 천덕이는 잠시 멈추어 서서 고개를 떨어뜨렸지. 살포시 물을 한 바가지 떠올린 천덕이는 우물가 옆에 있는 버드나무 잎을 하나 따서 바가지물 위에 띄웠지. 나그네는 화가 났단다. 목이 말라죽을 지경인데 인심도 고약하지, 달라는 물을 주면 그만인데 바가지물에 버드나무 잎사귀를 띄

우니……. 그러나 어쩌랴 그나마 물을 얻어먹게 된 것을 다행으로 여기며 버드나무 잎사귀를 후후 불며 물을 마셨지. 나그네는 겨우 진정하며 천덕이에게 물었지. 웬 버드나무 잎사귀냐고 말이야. 그랬더니 천덕이 하는 말이 급히 물을 마시면 화를 당한다는 거야. 그 말을 들은 나그네는 무릎을 쳤단다. 예로부터 물에 체하면 약도 없다고 했거든. 죽는다는 말이야. 그걸 방지하기 위해 버드나무 잎을 물 위에 띄운 천덕이의 지혜에 나그네는 감동하게 된 게야. 지혜와 미모를 탐낸 나그네가 천덕이의 손을 잡으며 사랑을 고백했지. 그런데 그날 밤 천덕이는 그만 목을 매달아 죽고 말았지. 그 당시에는 여자가 다른 남정네의 손과 맞닿았으니 부정이라 생각하던 시절이었으니.」

이건 과물해변 입구에 세워진 김천덕비에 대한 이야기다.

주영이가 낳고 자란 곳은 아름다웠다. 그곳에는 꽃피는 산골학교도 있었다.

주영인 부스스 눈을 떴다. 그리곤 어른이 되어 모교(다녔던 학교)의 학교생활을 그려 보았다.

학교에서는 학교 주변의 경관(아름다운 곳)을 여덟 개 골라 '곽금 8경'을 만들었다.

"우리 학교 주변에 아름다운 길 여덟 개를 골라 우리가 가꾸고 키우자."

김석홍 교장 선생님이 어느 날 불쑥 말을 꺼낸다.

"한번 만들어 보죠, 뭐."

누군가가 대답했다.

"예? 뭘 만든다는 건가요?"

교장 선생님은 뭔가 다가오는 짜릿한 감정을 느낀다. 분명 뭔가가 있는 것 같은데…….

"특공대요."

김혜수 선생님이 맞장구친다.

"특공대?"

"좋아, 좋아."

나머지 선생님들도, 학교 운영위원장도, 어머니회장도, 청년회장도 대 찬성이다.

“아이들의 의견을 들어 봐야 할 텐데…….”

김혜수 선생님은 중얼거리며 교실로 향한다.

“우리들에게 할 일이 생겼어.”

“뭔데요?”

“응, 걸으면서, 자전거 타고 다니면서, 우리 학교 동네에 있는 아름다운 풍경을 조사하는 거야.”

“에에? 겨우 고거요?”

“겨우라니?”

“우린 벌써 몇 번을 돌고 돌아 봤거든요.”

아이들은 벌써 눈치 채고 있다. 아니, 아이들은 이미 특공대까지 만들었다. 그 이름하여 ‘짜가특공대’였다. 특공대는 특공대인데, 가짜 특공대여서 붙인 이름이 짜가특공대이다. 그러고 보니 그 담임에 그 제자들이었다.

짜가특공대들은 먼저 학교의 환경에 대한 역사성을 찾아보았다.

2007년 환경교육시범학교를 운영할 당시 곽지 10경 중 8곳을 선정해 ‘곽지 8경’이라 명하고 자료화해 학생들의 환경교육활동 프로그램으로 활용하였다는 기록을 찾았다. 그 당시 제주인터넷뉴스(2007년 7월 29일 장영주 칼럼)는 이렇게 소식을 전하고 있다.

「실천하는 푸른 교육 초록빛 세상이 보인다. 이 학교는 환경교육의 전당으로 환경 보전의 중심지로서 역할이 기대되고 있다. 이를 통해 청정제주의 이미지 확산과 아울러 관광산업 발전에도 기여할 것으로 전망되고 있다. 이에 따라 곽금초(교장 함석중)를 환경부 과제수행 연구학교로 지정하고 '가치내면화 과정 중심 학습활동을 통한 환경 친화적인 태도 기르기'라는 과제를 수행하고 있다. 가족과 이웃이 함께하는 주제탐구활동, 지역사회 환경단체 연계활동, 인터넷을 활용한 주제탐구활동을 선정, 환경교육관련 교육과정의 실천 방향으로 주제탐구활동을 전개하고 있다. 이 학교는 가정 및 지역사회와 연계한 주제탐구활동을 통해 학생들이 우리고장의 아름다움에 대한 자긍심과 자연을 사랑하는 생활태도를 형성하는 데 주안점을 두고 있다. 뿐만 아니라 학생 스스로가 환경을 보존하는 생활 태도를 익히고 자발적으로 지역의 환경문제 해결에 앞장서 나갈 수 있는 교육 효과를 기대하고 있다. 이 학교의 한 교사는 "초등교육과정에 환경교과가 없는 관계로 교과에서 환경 관련 요소를 추출하여 주제별로 묶고 지역적 특색과 연관시킨 교육을 펼치고 있다"며 "이러한 과정을 통해 현재 곽지 8경을 향토 요소에 접목한 인성환경 교육에 중점을 두고 있다"고 밝혔다. 한편 곽지 8경은 산업화의 거친 물결로 인한 상처로 인해 예전의 모습을 일정 부분 잃어버렸다는 평을 받고 있다.」

김석홍 교장 선생님은 부임해 오자마자 설화 테마를 독서에 접목

시켜 독서 붐을 일으키고 있는 제주형 자율학교(2009년 지정)를 계속 하여 운영했다. 이 학교는 우리나라에서 가장 가보고 싶은 곳 4대 선에 들어가는 해수욕장이 있고 곽지 8경을 자랑하는 소규모 학교이다.

「이 학교에 테마 독서 바람이 불고 있다. 학생 수 감소로 통폐합 가능성이 제기되며 학교 살리기 운동의 일환으로 지역 사회의 환경을 이용한 설화 테마 독서가 새로운 형태로 시도되고 있는 것이다.」

이 학교 주변은 탐라를 창조한 설문대할망 신화의 소재를 가장 많이 보유하고 있어 자연스럽게 제주 설화와 연계한 테마 독서 운동이 일어나게 되었다.

「솟바리(설문대할망이 밥을 짓기 위해 솥을 걸었던 자리), 문필봉(솟바리 한 쪽이 짧아 문필봉을 옮기려다 꼭대기가 잘려 있는 붓 모양의 기암), 애월하물(설문대할망이 밥을 지을 때 물을 길었던 곳, 우리나라 깨끗한 물 100선 중 하나), 설문대할망 공깃돌(설문대할망이 공기놀이를 하던 다섯 개의 돌)과 우리나라 문학사에서 찾기 드문 해양 문학의 백미라는 표해록(표해록 초 닷샛날 쓴 일기에 보면 "백록선자님, 살려주소. 살려주소. 선마 선파님 살려 주소. 살려주소." 에서 선마 선파는 설문대할망이며 표류하다 한라산이 보이니 너무 감동하여 기도하는 문장이다. 도정 질문에 강창식 의원이 해양문학관 설립 의향을 질의, 장영주는 해양문학관 설립 도청에 제안) 저자 장한철의 출생지가 애월리 한담(이 학교와 가까운 거리에 있음)이기에 설문대할망 설화가 독서 테마로서는 가장 좋은 역사성을 가진 학교이다. 이에 이정란 교무부장은 "우리 학교는 오미양 독서 담당 선생님의 관심과 재능을 십분 활용 독서를 종합 예술형태로 새롭게 접목한 프로그램으로 운영하고 있다."며 탐라를 창조한 설문대할망 신화를 테마로 종합 발표회를 진행하고 있다한다.」

「독서와 학력은 불가분의 관계에 있다. 독서를 잘하면 학력이 향상된다. 이런 함수 관계를 반영하듯 이 학교에서는 설화 독서 체험 활동을 꾸준히 해온 결과 학력이 눈에 띄게 향상 되어 지난 학력고사에서 최고 단계를 차지하는 저력을 발휘하기도 했다. 이러한 결과에 힘입어 총동창회, 리사무소 등 관련 단체에서 학교 살리기 운동 일환인 설화 독서 테마 활동의 취지를 이해하여 최대한 협조하려는 움직임이 있어 60명 이하 소규모 학교 통폐합 위기로 몰리고 있는 이 학교가 어떠한 형태로든 새로운 활로가 생겨날 것이란 기대감으로 명문학교 만들기 운동을 실시하는 방편으로 예전의 곽지 8경을 보안하여 곽금 8경 올렛길을 구안하려는 생각을 하고 있다.」

짜가특공대들이 활약을 아무도 몰래 뒤에서 도와주는 사람이 있었다. 바로 김석홍 교장 선생님이다.

"곽지 8경이 있는데요?"

"좋아요. 그 자료를 우리 학교로 보내 주세요."

교장 선생님은 모교 출신 주영이 선생님이 주는 자료를 건네받았다.

「곽악삼태(과오름의 아름다운 세 봉우리)/삼족정뢰(솥발형인 세 개의 기암절벽)/치소암석(독수리가 앉아 있는 모양의 기암절벽)/장사어포(진모살 해안가에서 멸치 잡는 장관)/남당암수(남당의 괴석에서 흐르는 맑은 물)/정자정천(정자천에서 흐르는 맑은 물)/유지부압(버드 못에서 백로들이 노니는 아름다운 모습)/선인기국(신선들이 앉아서 바둑을 대국하는 형세)」 장영주 『곽지리』 1992 자료

"자율학교 공개보고가 있는데 선생님이 오셔서 후배들에게 좋은 말씀을 해 주시죠."

교장 선생님의 부탁으로 주영이 선생님은 모교를 찾았다.

이런저런 어릴 적 해수욕장에서 발가벗고 뛰놀던 이야기, 태권도를 할 때 모래주머니를 찼던 이야기, 멸치 떼가 들어왔을 때 고기잡이를 했던 이야기, 멜막집에서 동전치기하며 멜을 구워먹던 이야기를 끝내고 복도를 지나는데 눈에 띄는 사진이 보였다.

'아차.'

주영이 선생님은 뭔가 이상한 느낌을 받는다.

삼족정뢰? 치소암석? 장사어포? 어딘지 이상했다. 잘못 표기된 것 같다.

첫 번째 실수다. 잘못 선정 했다. 표기법도 틀렸다.

예전에 곽지리지를 만들 때 너무 서두르다 보니 세 군데 표기를 잘못했던 걸 그대로 옮긴 자료를 학교에 주었으니 잘못되었다.

'곽금 8경이라 해야 될 것 같은데?'

곽금이란 곽지와 금성을 합한 이름이다. 그런데 곽지 8경이라 하면 금성을 뺀 곽지만을 이르는 것이니 잘못된 것 같았다.

두 번째 실수다. 곽금초등학교는 곽지리와 금성리를 합친 학교 이름이다. 그런데 곽지 8경 자료를 주었으니…….

주영이 선생님은 바쁜 걸음을 옮긴다.

"교장 선생님 죄송합니다. 제가 실수했네요."

주영이 선생님은 삼족정뢰, 치소암석을 빼고 '장사어포'를 '장사포어'로 고쳐 곽금 8경으로 했으면 좋겠다는 의견을 제시했다.

"자, 재정비합시다. 곧 자율학교연구보고회도 있으니."

학교에서는 서두르기 시작했다.

"저희 반 학생들이 열심히 조사하고 있어요. 곧 결과가 나올 겁니다."

짜가특공대들의 활동상을 유심히 관찰해 오던 담임선생님은 미소를 짓는다. 뭔가에 끌리 듯 자신이 있어 보였다.

'난, 너희들을 믿거든.'

담임선생님의 믿음을 저버릴 짜가특공대들이 아니었다.

짜가특공대들이 조사한 내용에는 실수가 없었다. 곽금 8경을 세

련되게 정리해 두었다.

“좋았어! 이거면 좋은 자료야.”
교장 선생님이 무릎을 탁 쳤다.

그리고 2010년 개장식을 열었다.
“축하합니다.”
많은 사람들이 축하해 주었다.
그 자리에 주영이 선생님도 참석하였다.
‘잘됐어. 지난번 내가 곽지 8경 제목과 표기를 잘못 전해 주는 바람에 마음이 아팠는데……. 이젠 바로 잡을 수 있게 되었으니!’
주영이 선생님은 흐뭇한 마음으로 자리를 뜬다.

곽금 8경 올렛길은 처음에는 마을을 아끼고 사랑하는 마음으로 시작한 작은 행동에 불과했다. 마을을 살피며 이 길에서만 피는 꽃과 나무, 곤충들의 이름을 기억하고, 쓰레기를 치우고, 타 지역에서 온 여행자들을 위해 안내 리본을 다는 것이 전부였다.

그런데 어느 날부터 짜가특공대들의 이야기가 널리 퍼져 나가기 시작하더니 급기야 그 이야기는 섬 밖으로까지 뻗어가

신문과 라디오, TV에까지 소개되었다. 그리고 마침내 짜가특공대들의 활약이 박채란 글『길을 찾는 아이들』이란 동화책으로 나왔다.

「곽금올레를 만든 이가 초등학교 어린이들이라니! 기사로 접했던 그 멋진 아이들의 이야기가 동화 속에서 되살아 움직이는 것을 느꼈습니다. 숨은 길을 찾고, 끊어진 길을 잇고, 사라진 길을 되살리고, 또 없는 길을 내면서 아이들은 분명 '경험'과 '꿈' 그리고 '추억'이라는 값진 선물을 받았을 것입니다. 이 책을 읽는 어린이들 모두 놀멍 쉬멍 걸으멍 제주올레가 주는 선물을 얻어 가면 좋겠습니다.」

올레지기 서명숙, ㈔제주올레 이사장의 축하 글이다.

짜가특공대들은 신이 났다. 자신들이 일구어 낸 경험이 책으로도 나왔고 그 유명하다는 올레지지 이사장의 축하도 받으니 기분이 좋았다.

오랜 세월이 흘러 운명처럼 주영이 선생님이 이 학교 교장 선생님으로 오게 되었다.
"곽금 8경은 우리학교의 자랑입니다."

교장 선생님이 처음 부임하며 하던 말이다.

산 세 개(과오름)가 마을을 감싸 포근한 맛을 드리우고 있다. 마을 사람들의 아름다운 마음씨를 포근히 감싸는 이 산 모양을 '곽악삼태'라 불렀다.

곽악삼태

곽악삼태는 한겨울에도 북풍을 막아 주고 사람들의 마음을 따뜻하게 해 주는 아름다운 산이다.

「옛날이었지. 어마어마하게 키가 큰 할머니가 하늘에서 내려온 거야. 할머니는 치마에 담고 온 흙을 바다 한가운데 부어 놓았어. 그랬더니 그게 섬이 되었대. 그 섬에서 바라보는 하늘나라는 머나먼 거리에 있었지. 할머니는 하늘나라를 보고 싶었지. 하늘나라는 할머니의 고향이거든. 그래서 할머니는 흙을 한데 모아 뾰족하게 만들었지. 하늘나라하고 가깝게 만들려 했던 게야. 그러다 너무 힘이 들어 쉬려고 앉았는데 그만 뾰족한 흙더미에 앉은 거야. 할머니는 뾰족한 꼭대기에 궁둥이가 찔려 아팠거든. 화가 난 할머니는

뾰족한 흙 한 줌을 집어던져 버렸지. 그러다 하얀 모래밭이 펼쳐진 어느 곳에 돌멩이 세 개가 나란히 떨어 진거야. 그건 잘 살펴보니 밥을 지을 대 솥을 걸기 좋게 세 개의 돌멩이가 삼각형을 이루고 있는 형태였지. 할머니는 그곳에 솥을 걸고 밭을 지어 먹었어. 그리고 그 돌멩이를 '삼족정뢰'라 불렀단다. 그 옆엔 할머니가 밥을 지어 먹다 흘린 쌀알을 주워 먹으려 부리부리하게 눈을 뜬 독수리가 날아들었어. 그런데 그만 할머니가 '훠이' 하는 소리에 놀라 절벽으로 변하고 만 거야. 그 기암절벽은 웅장하게 삼족정뢰를 내려다보고 있는 게지.」

그래서 그 절벽을 '치소기암'이라 했단다.

시원한 물이 흐르는데 한여름인데도 아찔했다. 그 속에 들어가면 일 분도 견디지 못했다. 그만큼 물이 찼다. 그 물을 '남당암수'라 부른다.

비가 많이 내린 날은 꼭 장관을 이루는 게 있다. 건천(비가 오지 않을 땐 메말라 아무것도 없는 곳)이었다가 장마철에 물이 넘쳐 바다로 몰려드는 게 꼭 수십만 대군이 진격하는 모습과 같았다. 그래서 '정자정천'이라 불렀다.

그리고 마을 뒤편에는 넓은 호수가 있는데 그곳에는 백로들이 많이 모여들었다. 하얀 백로가 긴 다리를 물에 담그고는 한가롭게 노

널었다. 그곳을 '유지부압'이라 부른다.

과오름 꼭대기에서 내려다본 마을은 꼭 신선들이 마주 앉아 바둑을 두는 모습과도 너무나 흡사했다. 그래서 그걸 '선인기국'이라 부른다.

「옛날이었지. 가난한 스님이 마을에 시주를 받으러 온 거야. 허름한 옷이 바람에 날려 가난한 스님을 더욱

초라하게 만들었지. "시주해 주십시오." 스님은 마을 이 집 저 집을 돌아 다녔으나 마을 사람들은 넉넉하게 시주를 못해 주었어. 그해 따라 지독한 흉년에 마을 사람들은 더 가난했거든. "좋아, 나를 구박 한 대가를 치르게 할 거야." 스님은 마을 사람들을 골려 줄 참이었어. 시주나 넉넉히 받았으면 그냥 돌아가려다 시주가 형평 없었으니 화가 난 게지. "허어, 저 돌멩이가 이 마을의 기를 막는구나." 스님은 짐짓 마을 사람들이 들으란 투로 중얼거리더니 이내 뒤돌아 가 버린 거야. "잠깐만, 잠깐만요." 마을 사람들은 다급해진 게지. 스님이 뭔가 불길한 말을 하고 떠나려 하니 그냥 둘 수 없었던 거야. "어떻게 하면 액운을 막을 수 있을까요?" 마을 사람들의 애원에 스님을 그냥 지나치는 헛소리를 한 게야. "저 돌멩이 위에 세워진 뾰족한 끝 돌멩이를 허물어 버리시오." 스님은 돌멩이가 뾰족이 세워진 곳을 가리켰지. "저건 붓 모양이오." "그러니 그렇단 말이외다." 스님은 마을 사람이 모아 준 시주를 잽싸게 챙기고 총총 걸음으로 달아나 버렸어. "자 뾰족한 돌멩이를 허뭅시다." 마을 사람들은 '문필봉'이라 불리는 돌멩이 뾰족한 곳을 허물고 말았어. 그러니 붓 모양이던 돌멩이는 볼품없는 작대기 모양이 되었지. 그렇게 위용을 떨치던 문필봉, 문필봉이란 말 그대로 글을 쓰는 붓을 이름이란다. 문필봉이 생겨난 후 이 마을에는 학자들이

문필봉/꼭대기가 깎임

많이 태어났단다. 글을 쓰는 문장가도 태어났고 박사도 태어났단다. 모두가 훌륭한 사람들이지. 모두가 뛰어난 학문을 가졌지. 그런데 문필봉의 꼭대기를 허물었으니 이젠 이 마을에서 문장가가 나오지 않을 거래.」

그 후 사람들은 허물어진 꼭대기를 복원(처음대로 돌려놓음) 하였어.

"이젠 문장가 태어나리라."

문필지봉

마을 사람들은 이 믿음을 믿고 있단다. 언젠가 문장가가 태어날 기대를 걸고……. 아니, 어쩌면 벌써 문장가가 나타났는지 몰라. 이 이야기는 '문필지봉'에 얽힌 설화란다.

주영이 교장 선생님은 감회를 새롭게 한다.

'잘 가꾸어서 후배들에게 물려줘야지.'

주영이 교장 선생님은 차분하게 지금까지의 모든 자료를 재점검하였다. 안내도를 바로잡고 제목을 정리하여 체육관 벽면에 길가에서도 한눈에 알아볼 수 있게 커다란 벽화를 그렸다. 그 주변에는 자전거를 타고 올렛길을 탐방하는 모습이 있고 벽 주위에 아이들의 꿈을 그린 조각을 붙여 넣었다. 곽금 8경도 재정비하였다.

곽금 1경(곽악삼태): 과오름은 마치 소가 드러누운 모습과 같으며 크고 작은 세 봉우리로 되어 있다. 주봉을 큰오름, 둘째를 샛오름, 막내를 말젯오름이라고 부르고 있으며, 이를 일컬어 곽악삼태라고 한다. 말젯오름은 소의 머리에 해당되며 그 옆에 송지샘과 귀뿌리 바위가 있다. 과오름의 분화구는 앞개라고 부르며 애월리 방향으로 터져 있다. 곽지리와 금성리는 샛오름의 용암이 흘러 만들어진 대지에 형성된 마을이다.

곽금 2경(문필지봉): 숱한 역경을 딛고 일어서는 기질이랄까? 곽지리의 진모살 북동쪽으로 멀리 바라보면 북서풍의 모진 비바람과 거센 파도를 이기며 서 있는 듯한 웅장한 모습의 커다란 암석 봉우리가 우뚝 서 있다. 그 모양이 마치 붓끝 모양의 형국이라 하여 문필지봉이라 하였다. 이 봉우리의 정기를 받아 이 고장에는 글을 하는 선비가 많이 나왔다고 전해 내려오며 지금까지도 문장가(글을 쓰는 사람), 학자와 교육자가 많이 나온 곳으로 알려지고 있다.

곽금 3경(치소기암): 곽지과물해변의 산책로를 따라 애월리 한담동으로 가는 길에 위치한 이 바위는 한 마리 솔개가 하늘을 향해 힘찬 날갯짓을 하려는 듯 눈을 부릅뜨고 있는 모습을 하고 있어서 치소기암이라고 한다. 이 바위는 과오름의 셋째봉인 말젯오름의 용암이 바닷가로 흘러 만들어진 거대한 암석으로 솔개가 알을 품고 있는 형상이라고 하여 '포란지형'이라고도 한다.

곽금 4경(장사포어): 곽지과물해변 동쪽 해안가에는 끝없이 펼쳐진 백사장이 한눈에 들어온다. 백사장에 반사되어 비치는 햇빛은 멸치의 등에서 비치는 반짝임과 굉장히 비슷하다. 조상들은 멸치 떼가 밀려오면 테우에 그물을 싣고 바다로 나가 멸치 떼를 잡아 올렸다. 또한 만조 때는 장사포구의 원담 안에 멸치 떼가 갇히면 어구를 이용하여 멸치를 잡았다고 한다. 장사포어는 곽지과물해변의 원담과 포구가 있는 진모살에서의 멸치잡이를 뜻하는 말이다.

곽금 5경(남당암수): 과오름 중 둘째봉인 셋오름의 용암이 흘러 곽지리와 금성리의 기반을 만들었고 바닷가에 멈추어 금성리의 용머리를 만들었다. 남당암수는 이 용머리 부분에서 솟아오르는 물로 금성리 남당머리에 살고 있는 사람들의 식수로 이용되었다. 마을 사람들은 겨울의 찬바람과 파도를 막기 위하여 이곳에 직사각형 모양의 돌담을 쌓아 샘터를 만들었다. 서쪽으로는 정자천에서 흘러내려온 먹자갈이 많이 쌓여 있으며 주변에는 큰 바위 틈으로 맑은 물이 솟아오르는 샘들이 많이 남아 있다.

곽금 6경(정자정천): 한라산 기슭에서 발원하고 이곳에서 물줄기를 이루어 흘러내려오는 큰 두 줄기의 물줄기는 금성리에서 만나 금성포구에서 바다로 흘러들어간다. 금성리와 귀덕리를 가르는 분계선 역할을 하는 냇바닥은 비가 올 때만 물이 흘러내리지만 그 장엄함은 천군만군이 진격하는 모습처럼 대단하여 그 내의 물이 터지는 날이면 큰 홍수임을 예고했다. 정자정천은 상류의 내가 정자모양의 물줄기를 이룬다 하여 붙여진 이름이다.

곽금 7경(선인기국): 과오름의 셋오름과 말젯오름에 오르면 곽지리와 금성리 그리고 멀리 귀덕리를 볼 수 있다. 셋오름에서 흘러내린 용암은 평평한 평지를 만들었고 이 대지 위에 형성된 마을은 모두 남서쪽의 귀덕리를 향하여 앉아 있다. 선인기국은 마을길이 사각형 모양으로 반듯하여 마치 마을이 바둑판같은 형국이어서 붙여진 이름이다. 어도오름과 과오름의 산신이 곽지리에 바둑판을 놓고 바둑을 두었다는 이야기가 전해 내려온다.

곽금 8경(유지부압): 이 못은 곽금초등학교에서 곽지리 동상동을 지나 제주올렛길 제15코스인 버들못로에 위치해 있으며 버들못이라 부른다. 예전에는 곽지리 상동의 사람들이 소나 말들의 물 먹이용으로 만든 연못이었는데 현재는 보호 수생식물인 창포군락의 자생지이며 보호동물인 맹꽁이의 서식지가 되었다. 이 버들못에 철새가 찾아와 노니는 모습을 일컬어 유지부압이라고 한다.

곽금 8경 올렛길은 이 학교를 중심으로 주변의 빼어난 경치를 즐기며 산책할 수 있는 길이다. 과오름, 곽지과물해변 등 곽지 마을을 둘러볼 수 있는 '곽지코스'와 금성 뒷동산, 정자천 등을 둘러볼 수 있는 '금성코스'로 나뉜다. 총 길이는 약 11킬로미터로 3~4시간 정도면 역사 깊고 아름다운 곽지와 금성 마을 주변을 둘러볼 수 있다. 이는 마을을 상징하는 명소로 자리 잡고 있다. 곽금 8경이 입소문으로 퍼지며 이 학교는 명문학교가 되었다.

명문학교 휘호

"주영아."

어디서 누군가 부르는 소리에 주영인 오랫동안 잠들었다 눈을 뜬다.

멜막집에 지는 햇볕이 가느다랗게 들어오는가 싶더니 이내 어둠을 부른다.

간간이 불어오는 바닷바람이 주영이 얼굴을 스친다.

멀리서 발자국 소리가 들린다.

할머니다. 할머니는 해가 져 어두운 바다를 더듬더듬 걸어오고 있다. 대바구니에는 호미 자루 하나뿐이다.

할머니는 지금껏 바닷일을 한 모양이다. 그러나 대바구니에는 아무것도 없었다. 그냥 허리를 굽혀 해산물을 잡았다 놓아 버리고를 되풀할 뿐이다.

"주영아이."

아버지다. 아버지가 비틀거리며 오고 있다. 오른손에는 술병을 들고…….

"주영아이."

아버지는 정신 나간 사람처럼 주영이를 부른다. 그러나 주영인 멜막집에 그냥 그대로였다. 정신 줄을 놓은 채 멍하니 앉아 있다.

"이놈 아이. 이놈이 주영 아이."

아버지는 주영이를 일으켜 세운다.

언제 왔는지 할머니도 주영이 옆에 있다. 그러고 보니 철이 식구 셋이 모두 모였다. 이런 일은 거의 없었다. 많지도 않은 세 식구가…….

"그래, 네 어미만 있으면 되는 기여."

"어머님, 잊으이소. 이미 떠난 사람입니다."

아버지는 하늘을 본다. 하늘에 떠 있는 얼굴을 그리는 건 주영이 뿐이 아니었다. 그러고 보니 모두 하늘을 볼 때면 누군가를 생각하고 있었다. 아무도 눈치 채지 못했지만…….

밤하늘을 본다.

주영인 크게 외쳤다.

"엄마, 엄마이……."

할머니도 부른다.

"어미 아이이이."

아버지도 부른다.

"여보오오!"

붉게 노을 진 바닷가에 세 식구들의 외침이 메아리 없는 메아리 되어 천천히 바닷속으로 사라지고 있었다.

14

무지개 마을

산등성이 너머로 무지개가 떠 있지요.

"무슨 놈의 무지개가 색깔도 없어."

사람들은 투덜거렸어요.

아직은 쌀쌀한 봄바람이 싫어서인지 사람들은 고개만 내밀고 무지개를 바라보잖아요.

산등성이 무지개

칠로 마을이라 불리는 이곳에는 일곱 명의 사람들이 살고 있었지요.

그 마을 사람들은 이웃 마을과 왕래도 없이 자기네들이 편한 대로 생각하며 생활하는 그런 사람들에요.

첫 번째 집에는 무기력한 사람이 살았어요. 무슨 일이든 하려고 하지 않았어요.

두 번째 집엔 사랑이 메마른 사람이 살았어요. 맨날 시기하고 질투하기를 밥 먹듯이 하잖아요.

세 번째 집에는 남을 괴롭히기를 좋아하는 사람이 살았어요. 하루도 남을 괴롭히지 않으면 몸이 쑤셔 안달을 하거든요.

네 번째 집에는 게으른 사람이 살았어요. 얼마나 게으른지 세수도 한 달에 한 번, 목욕은 일 년에 한번, 머리는 손질도 않는답니다.

다섯 번째 집에는 희망을 잃은 사람이 살았어요. 언제나 실망스런 얼굴로 한숨만 쉬잖아요.

여섯 번째 집에는 남을 잘 속이는 사람이 살았어요. 이 거짓말쟁이는 눈이 펑펑 쏟아지는데도 비가 온다고 우기잖아요.

일곱 번째 집에는 참을성이 없는 사람이 살았어요. 조그만 일에도 화를 벌컥벌컥 내는 그런 사람이지요.

이렇게 일곱 집은 나란히 붙어 살고 있지만 서로의 생각과 생활이 다르기 때문에 언제 한 번 한자리에 모여 재미있는 이야기를 한 적이 없었답니다.

이 마을 뒷산에는 오늘도 예나 다름없이 무지개가 나타났어요.

"어휴 답답해."

무지개의 한숨 소리가 유난히 이상한 마을 하늘을 더욱 침울 하게 만들었어요.

이때 이 마을에 하얀 지팡이를 든 할아버지가 찾아왔지요.

하얀 머리에 하얀 수염을 바람에 날리며 하얀 옷을 입은 할아버지였어요.

그 할아버지는 마을 어귀에 있는 커다란 돌덩이 위에 푯말을 세웠어요. 그러자 글씨가 선명하게 보였지요.

「무엇이든 수선하여 드립니다」

칠로 마을 사람들은 이 할아버지가 왜 여기에 왔는지 궁금하였어요.

그러나 저마다 고개를 갸우뚱거릴 뿐 누구 한 사람 앞으로 나서는 이가 없었어요.

그렇게 며칠이 흘렀지요.

할아버지는 예전과 다름없이 커다란 푯말 앞에 웅크리고 앉아 고칠 물건을 가져올 사람을 기다렸어요.

이때 남을 괴롭히기로 유명한 셋째 집에 사는 사람이 할아버지 앞으로 슬금슬금 다가왔어요.

"이걸 고칠 수 있겠소."

그 사람은 깨진 쪽박을 할아버지에게 건넸지요.

'흠.'

할아버지는 기침을 하더니 눈 깜짝할 사이에 원래 모양대로 고쳐놓았어요.

"세상에."

남을 괴롭히기로 유명한 그 사람은 할아버지 솜씨에 덜컥 겁이 났지요.

그 사람은 발에 불이 나게 도망치듯 할아버지로부터 빠져나와 넷째 집으로 들어갔어요. 아마 세상 태어나 처음일 걸요.

“이걸 보라고 이걸.”

“그건 쪽박이 아닌가?”

네 번째 집에 살고 있는 게으름뱅이는 아직도 잠이 덜 깼는지 두리번거렸어요.

“쪽박이 어떻게 됐다고?”

게으름뱅이는 모든 게 싫은 표정이었어요.

“괜히 나만 손해 봤네.”

남을 괴롭히기로 유명한 사람은 투덜거리며 집으로 돌아가는 길에 거짓말쟁이를 만났어요.

“그런 재주를 가진 양반이 여긴 뭣 하러 왔대요.”

거짓말쟁이는 속지 않겠다는 듯 큰 소리 쳤지요.

“치, 또 나만 손해야.”

셋째 집 사람은 또 화를 내잖아요.

어떻든 남을 괴롭히기를 좋아하는 사람의 말은 그 누구도 믿지 않으려 하거든요. 늘 괴롭히기를 밥 먹듯 하니 혹여나 괴롭힘을 당할까 봐 슬그머니 피하는 것이지요.

‘으음 무엇이든 고쳐 준다.’

셋째 집 사람이 가고 난 후 넷 째집 사람은 골똘히 생각 했어요.

'어떻게 생긴 할아버지인지 얼굴이나 한 번 볼까?'

거짓말쟁이는 슬그머니 자리를 떠 마을 어귀로 향했어요.

거기에는 할아버지가 누군가를 기다리듯 조용히 앉아 있었어요.

'흠, 이 할아버지가 무엇이든 고쳐 준다고?'

거짓말쟁이는 물끄러미 할아버지를 쳐다보다가 가까이 다가갔지요.

"자네는 마음이 찢어졌어."

할아버지는 거짓말쟁이를 보며 말을 하였어요.

할아버지의 위엄 있는 말에 거짓말쟁이는 심상치 않은 기운이 자신을 감싸는 듯한 느낌을 받았지요.

"찢어진 마음을 꿰매 줄 테니 눈을 감고 가만히 있게나."

거짓말쟁이는 꼼짝할 수가 없었어요.

할아버지는 산등성이에 걸려 있는 무지개에서 남색 빛이 도는 실을 꺼내더니 이내 거짓말쟁이의 찢어진 마음을 꿰맸어요.

거짓말쟁이는 어느새 믿음이라는 두 글자를 마음속 깊은 곳에 간직하게 됐답니다.

"뭐라고? 찢어진 마음을 꽤매?"

칠로 마을 사람들은 너도나도 가슴이 덜컹 내려앉았지요. 언제 자신의 마음도 꿰매 버릴지 모른다는 생각에 집안에 틀어박힌 채 꼼짝도 하지 않지만 소문만은 듣고 있었지요.

칠로 마을 사람들은 거짓말쟁이는 항상 다른 사람을 믿으며 열심히 일을 하는 모습을 보며 몸이 떨려 왔지요.

칠로 마을 사람들 중에서 제일 먼저 찢어진 마을을 꿰맨 거짓말쟁이의 믿음 있는 생활 때문에 이 마을에 사는 다른 사람들의 마음에도 차츰 변화가 차츰 생기기 시작했어요.

칠로 마을 사람들은 앞 다투어 할아버지에게로 달려갔지요.

"잘들 오셨소."

할아버지는 무력한 사람에게는 정열의 빨간 실로 사람이 메마른 사람에게는 사랑의 주황 실로 남을 괴롭히는 사람에게는 평화의 노란 실로 마음을 꿰매어 주었어요. 그리고 게으름쟁이에게는 노력의 초록 실로 희망을 잃은 사람에게는 희망의 파란 실로 참을성이 없는 사람에게는 인내의 보라 실로 모든 마음의 더러운 것을 꺼내고 깨끗한 마음으로 고쳐 주었답니다.

이제까지 산등성이에 힘없이 걸쳐 있던 무지개의 일곱 색은 모두 할아버지가 꺼내 일곱 사람의 마음을 꿰매는 데 사용하였기 때문에 아무것도 남지 않았어요.

시냇물이 희망을 노래하고 땅속에 움츠렸던 새싹이 환한 얼굴로 세상 구경을 나와 따뜻해진 봄바람과 함께 춤추는 어느 날이었지요.

사람들은 이제까지 잊고 있었던 할아버지를 생각했어요.

'그 할아버지는 어떻게 됐을까?'

일곱 사람은 그 길로 할아버지가 계셨던 자리에 가 보았지요.

거기엔 할아버지의 모습은 온데간데없고 푯말만이 말없이 그 자리를 지키고 있었어요.

「이제는 수선하여 드리지 않습니다」

그때 말없이 서 있던 푯말이 사라지더니 이내 깨끗해진 하늘에 새로운 무지개가 생겼어요.

빨강 주황 노랑 초록 파랑 남색 보라 일곱 가지 색이 선명하게 빛나면서 서로 어우러지는 모습은 정말 형제 같았어요.

무지개의 고운 빛깔이 칠로 마을에 은은히 덮일 때 일곱 사람은 누가 먼저인지 손에 손을 잡고 무지개를 쳐다보았지요.

정방폭포 무지개/네이버 자료

"우린 형제야."

"암 한 가족이고말고."

칠로 마을에는 어느덧 활짝 웃음이 피었어요.

15

용궁과 용왕 이야기

"이어도 가는 올렛길이래."
"용궁 가는 올렛길이라는데?"
"신풍 올렛길도 있다는구먼."
사람들은 앞을 다투어 이런저런 말을 한다.

신풍 해안에는 용궁으로 들어가는 대문이라고 불리는 '용궁올레'가 있다. 일직선으로 기다랗고 깊은 골짜기가 형성되어, 유독 그 부분만 물이 파랗다 하여 용궁으로 들어가는 올레라 생각했단다.

「옛날이었지. 이 마을에 사는 송 씨 해녀는 어찌나 물질을 잘하는지 '용궁올레' 깊은 바닷속에 가서 많은 해산물을 채취해 온 유일한 해녀였지. 그러던 어느 날이었지. 용궁올레에서 송 씨 해녀가 굉장히 큰 전복을 따다 숨이 막혀 그만 정신을 잃고 말았어. 시간이 흘러 송 씨 해녀가 정신을 차려 보니 강아지가 어서 오라는 듯이 송 씨 해녀를 향해 꼬리를 흔들어 댔어. 송 씨 해녀가 강아지를 쫓아서 들어가 보니 용궁에 공주같이 어여쁜 미녀가 여기는 남해용궁이어서 세상 사람이 들어오면 용왕이 죽이니 뒤돌아보지 말고 그냥 인간 세상으로 가라고 말했지. 그러나 송 씨 해녀는 용궁 미녀의 말을 어기고 살짝 뒤를 돌아보자마자 갑자기 앞이 캄캄해져 버렸어. 이때, 송 씨 해녀 앞에 용궁 수문장이 나타나 혼을 받고는 겨우 목숨을 건져 용궁에 들어왔던 대로 강아지 따라 나와 보니 '용궁올레'에 온 거야.」

관음사 가는 길

“그럼 신풍 올렛길은 뭐야?”

“그건 매오름이 알 거야.”

“매오름?”

매오름은 매가 모이를 쪼아 먹는 형상을 하였다하여 사람들이 붙여 준 산 이름이지.

「옛날이었지. 용궁에 아들 삼형제가 오랏줄에 묶여 취조를 받고 있었어. “이놈, 네 죄를 네가 알렸다.” 용궁에서 재판을 하고 있는 게지. 용왕님은 커다란 의자에 앉아 있고……. “그래도 정녕 모른다 말이오?” 재판관이 힐끔 용왕을 쳐다보며 안절부절못했어. “죄를 시인하시죠.” 재판관의 목소리가 점점 낮아졌어. “이런, 재판관

관탈섬/제주도로 귀양 올 때 관복을 벗었던 곳

이 이렇게 허약해서야." 용왕은 재판하는 과정을 보다 못 이기는 척 자리를 뜨지. "왕자님, 용서하십시오." 재판관은 오랏줄 묶인 세 왕자를 풀어 주며 속삭였어. 그러고 보니 왕자들을 재판하려니 재판관이 얼마나 고민스러웠겠니? "제주도로 귀양 가는 걸로 마무리할까 합니다." 그래서 용왕의 세 아들 왕자는 제주도로 귀양을 오게 되었어. 그러나 가난한 제주 섬사람들은 그들에게 따뜻한 밥 한 끼니도 제대로 주지 못했지. 아무리 잘못은 저질렀지만 제주 섬으로 귀양 보낸 아들들을 생각하니 용왕님의 마음도 편안할 리가 없었어. 용왕님은 조용히 거북이를 불렀어. "제주 섬에 귀양 보낸 내 아들들이 어떻게 살아가고 있는지 알아보고 오너라." 거북사자가 제주 섬으로 오고 보니, 아무리 귀양살이 온 용왕의 아들들이지만 그

고생은 이루 말로 형언할 수 없을 정도였어. 거북사자는 용궁으로 돌아가 용왕에게 사실대로 일렀지. “지금 당장 귀양을 풀고 내 아들 삼형제를 데리고 오도록 하라. 다만 왕자들이 신세를 진 사람이 있거든 단단히 은혜를 갚아야 하느니라.” 거북사자는 제주 섬으로 다시 와서 여기저기를 다니며 은혜를 갚을 사람을 찾았으나 아무도 없었지. 화가 난 거북사자는 제주 땅을 모조리 돌밭과 가시덤불로 쌓이게 만들어 버리기 위하여 큰 홍수를 내릴 참이었어. 거북사자는 그래도 조금은 왕자들 입에 풀칠하게 도움을 준 박 씨만은 살려 주고자 귓속말로 속삭였으나 박 씨가 거북 사자의 말을 듣지 않았어. 어쩔 수 없이 거북사자는 요술을 부려 박 씨를 매로 환생시키고 왕자 삼형제를 데리고 나가며 제주 섬을 온통 물바다로 만들었어. 마침 매로 환생한 박 씨는 물고기가 튀어 오르는 걸 잡아먹으려고 고개를 내밀다 바위로 변하고 말았지. 그래서 매오름 꼭대기에는 매가 바다를 향하여 고개를 앞으로 쭉 내민 듯한 모습의 바위가 서 있고, 그때 용궁에서 온 거북사자가 요술을 부려 한동안 제주 섬을 온통 바닷물로 잠겨 버렸었기 때문에 지금도 제주 섬은 가시덤불과 돌밭으로 가득한 거친 땅으로 변해 버렸다는 것이야.」

16

기우제를 드린다고 비가 올까?

옛날엔 비가 오지 않으면 기우제를 올렸다. 천지신명님께 두 손을 모아 정성 들여 빌었던 것이다. 그러다 비가 오면 기우제를 올린 덕이라 말들을 했지.

치산치수는 왕의 덕이요. 치산치수를 못함은 왕의 부덕이라 말들을 했다.

산과 물을 다스리지 못함은 곧 나라를 다스리지 못함이라 여기는 게 왕의 도리였기 때문이다.

구름다리와 용연/설화에 의하면 기우제를 드렸던 곳

"비가 오지 않아 큰일 났다."

땅이 거북이 등처럼 갈라졌다. 사람들은 아우성이었다.

"물 물물……."

어디를 가나 물소리뿐이었다.

"큰일이로고."

왕은 걱정을 했다.

"짐의 덕이 부족한 탓이니라."

왕은 하늘을 쳐다보며 탄식을 했다.

"황공하옵니다. 기우제를 지냄이 어떨는지요?"

신하가 아뢰었다.

"그렇도다. 기우제를 드려 하늘에 짐의 정성을 알리도록 하리라."

왕은 기우제를 올릴 준비를 하라 명을 내렸다.

"오늘부터 비가 올 때까지 백성들은 술과 고기를 삼가도록 하라."

용연/기우제를 드렸던 설화 발생지

방방곡곡에 방이 붙었다.

"또한 부정한 일이나 나쁜 짓을 하는 자는 엄벌하리라."

왕의 정성은 지극하였다.

목욕 재개하고 깨끗하게 옷을 차려 입고는 기우제를 올렸다.

그러나 아무 소용이 없었다. 하늘에는 구름 한 점 없었다.

"아! 어찌하면 좋으리."

왕은 탄식을 했다.

"용한 점쟁이에게 연유를 물어 보심이……."

보다 못한 신하가 왕에게 다시 아뢰었다.

"당장 시행하라."

왕은 모든 수단을 다 동원했다. 비만 내린다면야 어떤 일이든 할 작정이었다.

"전국 방방곡곡을 뒤져 용한 점쟁이를 불러오너라."

왕의 명에 용하다는 점쟁이들이 앞을 다투어 나타났다. 그 점쟁이들은 이번 기회에 왕에게 잘 보여 높은 벼슬을 얻을 참이 었다.

"그래, 비가 오지 않음은 무슨 연유인고?"

왕은 점쟁이에게 물었다.

"황공하오나 가짜 점쟁이가 설치는 바람에 그런 줄 아뢰오. 하늘이 노했음인 줄 아뢰오."

"가짜 점쟁이?"

"그러하옵니다. 그 점쟁이가 부정한 짓을 하기에……."

"이런 이런, 고얀, 당장 그 가짜 점쟁이를 잡아 들여라."

이렇게 하여 욕심쟁이 점쟁이와 가짜 점쟁이가 한곳에 모였다.
"네 죄를 알렸다."
왕이 가짜 점쟁이를 꾸짖었다.
"아니옵니다. 저는 그런 나쁜 짓을 하지 않았사옵니다."
가짜 점쟁이는 억울했다. 욕심쟁이 점쟁이 때문에 목숨을 잃을 처지에 놓인 것이다.
"그럼 가짜가 아니고 부정한 짓을 하지 않았음을 증명해 보라."
왕이 명을 했다.
"저 점쟁이와 내가 시합을 해서 제가 지면 분부대로 따르겠나이다."
왕의 명에 따라 욕심쟁이 점쟁이와 가짜 점쟁이는 시합을 하게 되었다.
"여봐라. 상자를 가져오라."
왕은 아무도 몰래 상자 속에 쥐를 두 마리 넣었다. 그리고는 두 점쟁이에게 물었다.
"이 속에 들어 있는 게 무엇인고?"
욕심쟁이 점쟁이는 눈을 감고 점괘를 보더니 말을 했다.
"그 속에는 쥐가 두 마리 들어 있는 줄 아뢰오."
왕은 정말 기가 막히게 용한 점이로다 하며 탄식을 했다.
이번에는 가짜 점쟁이에게 물었다.
"황공하옵니다만 그곳에는 쥐가 세 마리 들어 있음이옵니다."
이 말에 왕은 고개를 저었다. 자신이 생각과 영 딴판이었기 때문이다.

가짜 점쟁이가 시합에서 진 것이다.

"네 이놈, 어찌하여 그까짓 것 하나 알아맞히지 못하면서 용하다는 점쟁이라 하느냐? 분명 너는 부정한 짓으로 백성들을 괴롭히는 게 틀림이 없다. 그러니 너는 당장 죽어 마땅하다."

어린이대공원에서 바라본 아차산

왕의 노여움은 극에 다다랐다.

욕심쟁이 점쟁이는 이때다 싶었다. 한껏 왕의 신임을 받아 두어 나중에 높을 벼슬을 할 참이었다.

"황공하옵니다. 저런 못된 놈은 사형에 처해 백성들로 하여금 흐트러진 민심을 바로잡는 기회로 삼는 게 타당한 일인 줄 아뢰오."

욕심쟁이 점쟁이 말에 왕은 고개를 끄덕였다.

"여봐라. 당장 저자를 극형에 처하라."

왕이 명령을 내렸다.

"잠시만 기다리십시오. 저는 분명 점괘에 나온 대로 사실을 말했을 뿐입니다."

가짜 점쟁이는 억울하다고 하소연하였으나 아무 소용이 없었다. 상자 속에는 분명 쥐 두 마리가 있을 뿐이기 때문이다. 그건 왕이 직접 확인한 사실이다.

"네 이놈, 아직도 네 죄를 알지 못하다니……."

왕은 혀를 차며 호령하였다.

"그 속에는 내가 직접 쥐 두 마리를 넣었음이니라. 정 소원이 그렇다면 네 눈으로 확인하도록 하라."

왕은 죽어 가는 사람의 마지막 소원을 들어주는 셈치고 상자를 열었다.

"아차! 이럴 수가?"

왕은 아차하며 입을 다물지 못했다. 분명 두 마리 쥐를 넣었는데 상자 속에는 쥐가 세 마리가 있는 게 아닌가?

"아차! 이건 귀신이 곡할 노릇이다."

또 아차한다. 왕은 잠시 눈을 감았다가 뜨며 무릎을 쳤다.

아차산 유래

「옛날이었지. 홍계관이라는 점쟁이가 있었어. 족집게처럼 집어내서 맞출 만큼 용하다는 소문이 널리 퍼져 그의 집에는 사람들로 문전성시를 이루었지. 이 소문이 임금의 귀에까지 들어가게 되었어. 임금은 점쟁이를 시험해 보고 싶었어. 얼마나 족집게인지를……. 임금은 어명을 내려 홍계관을 잡아들인 다음 쥐가 든 상자를 하나 내놓고 물었지. "이 상자 안에 무엇이 들어 있는지 알아 맞혀 보거라." 어명이 떨어지자 골똘하게 생각을 하던 홍계관은 "쥐가 들어 있는 줄로 아뢰옵니다." 당연한 대답이지. 상자 속에서 쥐 소리가 났거든. "상자 안의 쥐가 모두 몇 마리인고?" 생각에 잠겼던 홍계관이 입을 열었어. "두 마리옵니다." 임금은 회심의 미소를 지었지. 두 마리가 정답이거든. "네 이놈, 이 상자 속에는 암쥐 한마리가 들어 있음이니라." 임금은 백성들을 속이고 있다고 생각하여 홍계관을 사형시키라고 명하고 말았지. 홍계관이 참형을 당할 장소로 옮겨지는 동안 이상한 일이 벌어졌어. 상자 속에는 쥐가 두 마리로 변해 있었거든. 암쥐가 새끼를 낳은 게야. 그러니 정답은 두 마리였어. 임금은 자신의 잘 못을 알고 사형을 급히 멈추라고 전령을 보냈는데 그 전령이 "사형을 멈추시오."라는 소리를 망나니가 "사형을 빨리 하시오."라고 착각하여 홍계관을 죽이고 만 게야. "아차." 하는 순간 홍계관의 목은 달아난 거지. 그로부터 홍계관의 사형집행에 이루어졌던 곳을 '아차산'이라고 부르게 되었다는 구먼.」

"내 이걸 몰랐음이다. 네 말이 맞도다. 네 점괘가 분명 용함이로다."
왕은 가짜 점쟁이의 용한 점괘에 놀랐다.

"어찌하여 그런 용한 점술을 가지게 되었는고?"

왕은 너무 신기해 물었다.

"아니옵니다. 용한 점술이 아니오라 자연의 섭리 옵니다."

"자연의 섭리?"

"그러하옵니다. 동물은 생식하게 마련이고 그러니 쥐 또한 생식을 한 것에 불과하옵니다."

"그렇도다. 과연 그렇도다."

왕은 그 점쟁이에게 후한 상을 내렸다.

17

전설의 타이타닉호

「자연에는 용서가 없다.」U 벳티는 말했습니다.

「자연은 자연을 사랑하는 자를 결코 배반하지 않는다.」 워즈워드는 말했습니다.

「자연스러운 것은 모두가 아름답다. 어떤 것이든 그 자신의 때와 장소에 놓여서 아름답지 않은 것은 없다.」 밀레는 말했습니다.

오래전의 일이었어요.

1912년의 일이니까 꽤 오래된 일이죠?

그해 4월 14일에서 15일 사이에 일어난 실제 사건이랍니다.

북대서양을 항해하던 영국의 호화선이 갑자기 흔들리기 시작했어요.

"무슨 일이야?"

"왜 이래?"

"이크."

사람들은 갑자기 우왕좌왕하며 당황하기 시작했어요.

"진정하십시오. 아무 일도 아닙니다."

마이크를 통해 안내 방송이 들렸어요.

"그럼 그렇지. 이렇게 큰 배에 무슨 일이 일어날 리가 있나."

"암, 영국 최고의 호화선 타이타닉호가 아닌가."

사람들은 조금씩 안정을 되찾아 가고 있었어요.

그 배에는 승객이 2,200명이나 타 있었거든요. 2,200명이 탈 수 있는 배는 상상도 하지 못할 정도로 큰 배랍니다. 사람들로선 바다에 떠 있는지 육지인지 착각할 정도랍니다.

배 위에는 축구장이며 풀장, 휘황찬란한 쇼장 등 없는 게 없으니까요.

"쿵쿵쿵-!"

갑자기 큰소리가 다시 들렸어요.

"무슨 소리냐?"

"글쎄……."

사람들은 아무래도 이상하다며 주위를 살폈어요.

"저런, 큰일 났다. 큰일이야."

어떤 사람이 소리쳤어요.

북대서양으로 떠내려 오던 커다란 빙산에 배가 부딪혀 부서지고 있었거든요.

"아이쿠, 사람 살려."

"안 돼, 난 살아야 된단 말이야."

배는 아수라장이 되었답니다.

선실에서 뛰쳐나오는 사람이 있는가 하면 손을 모으고 기도하는 사람, 아이를 찾아 헤매는 사람……. 어떤 사람은 유언장을 썼어요.

"여러분, 좀 조용히 하십시오. 침착하십시오."

선장이 다시 마이크를 잡았어요.

"자, 모든 승무원은 제 위치로……. 나의 지시를 따른다. 이상."

선장은 승무원들을 모아 놓고 동요하지 말고 승객의 안전을 위해 힘쓰라는 명령을 내리고는 다시 마이크를 잡았어요.

"여러분, 침착해야 합니다. 한쪽으로 몰리지 말고 제자리에 있어 주십시오. 이 배는 빙산에 부딪혔습니다. 배가 부서지고 있습니다. 그러니 여러분들이 이성을 찾고 침착하지 않으면 큰일이 벌어집니다. 침착하십시오. 침착하십시오."

선장은 차분한 목소리로 안내 방송을 하였답니다.

스피커를 통해 들려오는 선장의 침착한 목소리에 승객들은 하나 둘 이성을 되찾기 시작했어요.

"자, 진정합시다. 모두 선장의 지시에 따릅시다."

누군가의 외침에 사람들은 모두 고개를 끄덕였답니다.

"자, 구명정을 내리시오."

타이타닉호/구글 자료

구명정이 내려갔어요. 그 구명정은 조그만 것이기에 2,200명 모두를 태울 수는 없었어요.

"누가 먼저 내려갈 것인가를 결정합시다."

사람들은 그 자리에서 의논을 했어요.

"자, 어린이부터 내려가도록 하시오."

구명정에는 어린이들을 먼저 태웠어요.

"다음은 여자 승객을 태우시오."

이어서 여자 승객이 구명정에 태워졌고요.

"그다음은?"

이번에는 소리 없이 서로의 얼굴을 쳐다보았어요. 어린이와 여자 승객이 먼저 타는 것에는 동의를 했지만 남은 사람들은 누가 먼저 구명정에 타야 하는지 결정을 하지 못했답니다.

구명정에 타는 사람은 곧 살게 된다는 의미니까 누구든 먼저 타고 싶었던 것이었죠.

꽤 오랜 침묵이 흘렀어요. 배는 점점 기울고 아무도 말을 하지 않았답니다.

그 배에는 이제 승무원과 가난한 농부들과 고위 간부, 돈 많은 부자들, 유명한 정치인과 지식인들이 남게 되었답니다.

"자, 이렇게 합시다."

누군가가 일어서 오랜 침묵을 깼습니다.

"이 배에는 이민을 떠나는 가난한 농부들이 타고 있소. 이제는

3등 실에 타고 있는 가난한 사람들부터 구명정에 태웁시다."

"좋습니다."

타이타닉호/구글 자료

그렇게 하여 가난한 농부들이 타고 나니 구명정은 가득 차 더 이상 사람들을 태울 수가 없게 되었답니다.

"이제 1,500명이 남았소."

"아! 이제는 아무 소용이 없게 되었소."

"……."

점점 사람들이 힘이 잃어 가고 있을 때였어요. 배는 가라앉아 죽음을 부르고 있을 때였어요. 긴 한숨 소리만이 죽음과 함께 바닷속으로 가라앉을 순간이었어요.

그때 갑자기 장엄한 음악 소리가 들렸어요.

사람들은 그게 무슨 소리인지 모두 알아차렸어요.

그 배에는 유명한 악사 7명이 타고 있었거든요.

배가 침몰하여 죽게 된 사람들의 마음을 안정시키기 위해 자신들의 목숨까지 버리면서 장엄한 음악 소리를 내고 있었던 것이랍니다.

그 순간 배 안에 있던 1,500명의 승객들은 모두 손을 잡고 그 소리를 들으며 장엄한 최후를 마쳤다는 이야기지요.

위급한 상황에서 어떻게 하는 것이 최선의 길인가요? 죽음이란 최악의 상태에서 차분하게 생각하는 여유, '바쁠수록 천천히 가라.'는 말처럼 여유를 가지라면 너무 욕심인가요?

이 배에 탔던 사람들을 생각해 보세요. 모두가 가기만 살겠다고 발버둥을 쳤다면 어떻게 되었을까요? 조그만 구명정에 먼저 타려고 밀치고 떠밀었다면 어떻게 되었을 까요? 2,200명 모두가 조그만 구명정에 탈 수 있을까요? 자기만 살겠다고 고집하고 아우성을 부렸다면 아마 모두 죽고 말았을 거예요.

그렇습니다. 자신의 몸보다 남을 먼저 생각하는 것, 그게 더불어 사는 삶의 지혜거든요.

지금 우리는 한 배에 타고 있답니다. 지구라는 한 배에……. 누가 먼저, 아니 혼자만 살겠다고 지구를 흠집 내고 부수고 때리고 못살게 군다면 어떻게 될까요?

18

해녀 시조

"호이오."

먼 바다에서 숨비소리가 들린다. 주영이 할머니다.

주영이 할머닌 낮에는 바다 일을 하고 밤에는 보리를 벤다. 보릿대는 쨍쨍 내리 쬐는 햇볕에 꺾이어 낮에는 벨 수가 없다. 그래서 밤에 물을 뿌리고 베어야 한다.

오늘도 할머니가 바다 일을 할 때 주영인 갯가에 앉아 기다린다.

"호이오."

할머니가 거친 숨을 몰아쉬며 망사리 가득 미역을 따고 나온다.

"옜다. 이거 먹어라."

할머닌 불턱에서 몸을 녹이며 미역귀를 불에 구워 주영이에게 준다.

신비/돌문화공원에서

주영인 이 맛에 할머니 따라 바닷가로 나온다. 재수가 좋은 날은 오분작이(작은 전복 같이 생긴 해산물)를 맛볼 수도 있다.

할머닌 시린 몸을 장작불에 녹이며 옛날이야기를 풀어 놓는다.

「옛날이었지. 어진 임금님이 있었어. 임금님 마음이 착하니 신하들도 덩달아 착했지. 임금님과 신하들이 백성들을 잘 보살피니 백성들은 살기가 편했지. 나라도 부강했고 말이야. 이렇듯 태평성대를 지내고 있었지만 홀로 살아가는 신하가 있었지. 그 신하는 여러 신하들 중에 마음씨가 곱기로 으뜸인 게야. 주위는 늘 깨끗하게 정돈됐고 깔끔한 성격에 부지런하기로도 그를 따를 신하가 없었던 게야. 어느 날 임금님은 그 신하를 불렀지. "그대는 어찌 홀로 사는

고?" 그러자 그 신하는 이렇게 대답했어. "황공하옵니다. 신은 홀로 사는 게 아니라 이미 아내를 두어 살고 있사옵니다." 임금님은 이상하게 여겼어. 지금껏 부인하고 다니는 걸 한 번도 본 일이 없었기 때문이야. "황공하오나 신의 아내는 이미 이 세상 사람이 아니옵니다." 신하는 임금님을 속이는 것 같은 죄책감에 자초지종을 아뢰었지. "허허, 그렇게 됐구먼." 임금님은 눈을 감았지. 신하는 지금껏 살아오던 일을 소상히 임금님께 아뢰었지. "신이 글공부를 하던 오래전 일이옵니다." 신하는 옛일을 되새기며 눈물을 흘렸어. "부인, 내가 왔소이다." 신하가 글공부를 마치고 늦은 시간에 집에 돌아오니 배가 몹시 고파 부인에게 먹을 것을 달라고 하려다 그만 멈추었지. 부인은 분명 무언가를 입에 넣고 먹는 것 같았는데 신하(남편)가 돌아오자 몰래 감추는 거였어. "내 지금 몹시 배가 고프니 먹을 것을 좀 주오." 신하가 말을 해도 부인은 모른 척 시치미를 떼는 거야. 그러니 더욱 이상하게 생각 했거든. "무얼 혼자 맛있게 먹었소? 나도 주시구려." 신하가 다그치자 그제야 부인은 만들다 만 옷감을 꺼내어 눈물을 흘리며 말을 했지. "이 옷을 오늘밤 안으로 만들어 갖다 주어야 품삯을 받게 되겠기에 당신이 돌아오기 전에 마치려니 배가 너무 고파 이걸 먹고 있었소. 부인이 내민 손에는 흙 떡이 들어 있었어. 부인은 주린 배를 흙으로 채우며 남편의 글공부를 뒷바라지를 하고 있었던 게야. "미안하오. 정말 미안하오." 그 후 신하는 장원 급제하여 제주 목사로 부임하려 배를 타게 된 게야. 하늘은 맑고 바다는 잔잔했지. 배가 바다 한가운데 이르렀을 때였어. 갑자기 파도가 치며 배가 뒤집힐 지경에 이르렀어. "이보오, 배가 어찌 이렇소." 배에 탔던 사람들은 그렇게 잔잔한 바다가 갑자기 출렁이는 것을 보고 겁에 질렸어. "부정한 사람이 배를 탄 것 같소." 사공은 걱정스럽게 말을 하였어. "부정한 사람? 그게 누구요?" 사람들은 서로 눈치를 보며 그게 자기가 아니길 바랐지. "자, 모두 윗저고리를 벗으시오. 그리고 그걸 바다에 던져 가라앉는 사람의 옷 임자는 할 수 없이 배에서 내려야 하오." 사공의 말을 아무도 거역할 수 없었어. 사람들은 모두 웃옷을 벗어 바다에 던지니 그중 하나만이 바다에 가라앉은 게야. "허허, 제주 목사의 부인 옷이구려. 이 노릇을 어찌하면 좋으리오." 배에 탔던 사람들은 차마 목사의 부인을 바다에 내버려 두기가 안타까운지 모두 고개를 저었어. "어찌 목사의 부인이라고 하늘의 뜻을 거역하리오. 내가 배에서 내림으로 하여 모두가 무사히 바다를 건넌다면 그보다 더 좋은 일이 있겠습니까?" 부인은 이 말을 남기고 얼른 몸을 던져 바다로 뛰어 들어 목숨을 버렸어. 그러니 파도는 잔잔해지고 사람들은 무사히 바다를 건어 제주에 도착하게 되었다는 게야. 제주에 도착한 목사는 그날부터 백성들을 잘 보살피고 어진 정치를 폈지. 백성들을 잘 보살핀다는 소문은 곧 임금님의 귀에도 들어가 제주 목사를 정승이라는 높은 벼슬을 주어 가까이에 둔 사람이 바로 그 신하였어. "허허 그런 연유가 있었구려. 내 그대의 뜻도 모르고 나무랐으니 이를 어찌하면 좋으리오?" 임금님은 신하가 여태 혼자 외롭게 살면서도 굽히지 않고 떳떳하던 그 모습에 감동을 받은 게지. "오늘의 영광은 오로지 부인의

덕인데 어찌 다른 여인을 아내로 맞을 수 있으오리까?" 신하의 말을 들은 임금님은 무릎을 쳤어. "과연 과연 내 신하로다. 그대 부인은 비록 몸은 떠났다 하나 마음만은 영원히 있음이니 이 또한 같이 사는 게와 다름이 없는 게지." 임금님은 신하의 훌륭한 뜻을 본받기로 했지. 그런 일이 있은 후 사람들은 신하의 부인을 해녀의 시조(탄생)라고 불렀지. 신하(남편)을 위하여, 많은 사람들의 목숨을 구하기 위해 자신의 몸을 희생시킨 게야.」

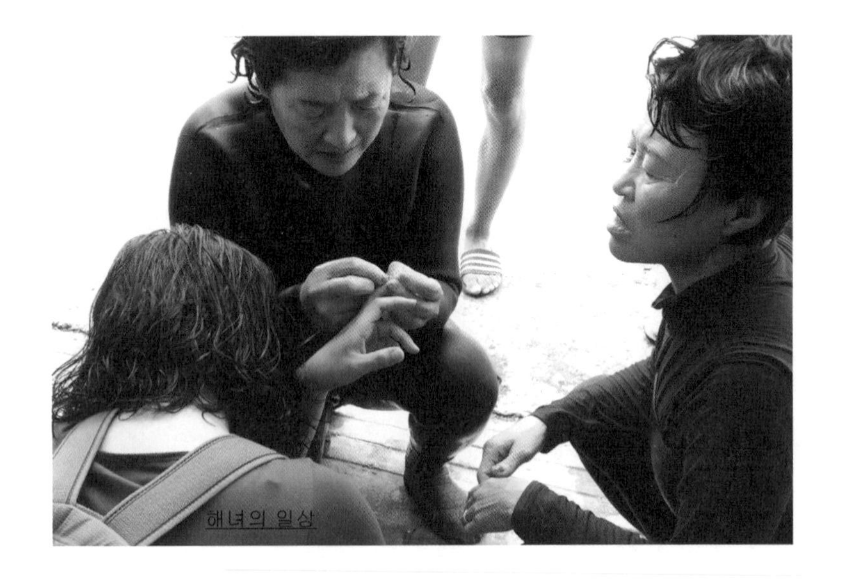
해녀의 일상

이런 고귀한 정신이 오늘날까지 해녀들의 마음에 남아 있다고 한다.

19

오줌 대장

"애들아, 이리 오렴."

어머니가 다롱이와 다솜이를 불렀어요. 다롱이와 다솜이는 자매거든요.

한 시간 먼저 태어난 다송이는 의젓하게 어른 흉내를 내고 한 시간 늦게 태어난 다솜이는 막내로 개구쟁이거든요.

"와! 수박이다."

수박이 빨간 얼굴을 내밀고 건정 씨앗을 살알짝 내놓고 웃고 있잖아요.

"고마워요. 엄마."

다롱이는 어머니께 고맙다는 인사를 빼 먹지 않네요.

"히히, 이건 내 것."

다솜인 어떻게 한 줄 아세요?

제일 큰놈으로 골라 자기 것이라면 욕심을 부리네요.

“애들아, 천천히 먹으렴.”

어머니는 아이들을 타일렀어요.

“이것도 내 것. 저 것 도 내 것”

다솜인 어느새 수박 한 쪽을 다 먹어 치우고는 남은 수박까지 몽땅 먹었잖아요.

“에구, 탈날라.”

어머니의 걱정 소리도 들리지 않나 봐요.

“일찍 자고 일찍 일어나렴.”

어머니는 아이들의 잠든 이불을 포근히 목까지 올려 주었어요.
다롱이와 다솜이는 신나게 꿈나라 여행을 했어요.
빨아간 햇살이 비추었어요.
둥근 해님이 다롱이와 다솜이 방을 기웃거리잖아요.
“허허, 이놈들 늦잠을 자는 구나.”
해님은 방을 살알짝 노크했어요.
“일어나야지. 늦잠을 자면 안돼요.”
해님의 노크 소리에 다롱이가 눈을 비비며 깨어났어요. 근데 다솜인 일어날 생각을 하지 않지 뭐예요.
“다솜아, 다솜아 일어나.”
다롱이가 다솜이를 일으켜 세워도 다솜이 꼼짝도 하지 않았어요.
“에구, 냄새…….”
다롱이는 손으로 코를 트러 막았어요.
왜냐고요.
쯔쯔 그러고 보니 다솜이가 이불에 지도를 멋있게 그렸지 뭐예요?
“괜찮아. 내가 도와줄게.”
어느새 해님이 눈치 챘어요.
다롱이는 젖은 이불을 해님이 잘 비추는 곳에 놓았어요.
해님은 있는 힘을 다해 입으로 후후 불며 요즘을 말렸어요.
“애들아, 밥 먹고 학교 가야지.”
어머니가 부르는 소리에 다롱이와 다솜이는 모른 체 아침밥을 먹고 학교에 갔어요.

“고마워, 언니, 언니 아니었음 큰일 날 뻔했네.”

다솜이는 언니가 고마웠어요.

“아니, 해님이 더 고마운걸.”

다롱인 다솜이가 오줌 쌌다는 걸 비밀로 하기로 했어요. 해님은 어머니 몰래 오줌을 모두 말렸으니까요.

어머니는 아마 눈치 채지 못했겠죠?

예에? 벌써 알고 있다구요.

그랬어요.

어머니는 벌써 눈치 채고 있었답니다.

"다음부턴 욕심 내지 말아요. 서로 서로 나눠 먹어야 돼요."

하늘에서 해님이 조용히 타이르는 말이 다솜이 귀에 송송 들렸어요.

▣ 이어도

마라도 서남쪽으로 149km, 중국 퉁다오 동북쪽으로 247km, 일본 나가사키현 도리시마 서쪽으로 276km 가량 떨어진 지점에 위치해 있다. 평균 수심 50m, 남북 길이 1,800m, 동서 길이 1,400m 정도의 크기에 면적은 11만 3,000평 규모로 4개의 봉우리를 가진 수중 암초다. 국내 해양학계의 공식 명칭은 '파랑도'이다.

이어도는 어떤 곳인가?

이어도는 최고봉이 수중 4.6m 아래로 잠겨 있어 10m 이상의 파도가 치지 않는 이상 육안으로는 좀처럼 보기 힘들다. 이 때문에 제주도 설화에서는 이어도가 어부들이 죽으면 가는 환상의 섬, 즉 상상 속의 섬으로 전해지며 문학작품에 자주 등장했다.

1900년 영국 상선 소코트라호가 처음 수중 암초(이어도)를 확인한 후 국제해도에 '소코트라 록'으로 표기했다. 이후 1984년 제주대학팀의 조사에 의해 바닷속 암초섬의 실체가 확인됐다.

이어도 인근 수역은 조기 · 민어 · 갈치 등 다양한 어종이 서식하는 '황금어장'이며, 중국 · 동남아 및 유럽으로 항해하는 주 항로가 이어도 인근을 통과하는 등 지정학적으로도 매우 중요한 곳이다.

한편, 중국은 이어도를 자국 영토로 편입시키기 위해 영유권 주장을 하면서 한국과 마찰을 빚고 있다. 한국은 1951년 국토규명사업의 일환으로 이어도 탐사가 이뤄져 이곳에 '대한민국 영토 이어도'라고 새긴 동판 표지를 가라앉힘으로써 존재가 확실해졌다.

정부는 1970년 이어도 해역을 제7광구로 지정한 「해저광물자원개발법」을 제정하였고, 1987년 해운항만청이 이어도 부표를 띄우고 국제적으로 공표하였다.

그러나 1982년에 채택되고, 1994년부터 발효된 「유엔해양법협약」에 따라 중국과 배타적 경제수역(EEZ)을 둘러싼 입장차가 발생하였다.

이에 1990년대부터 해상경계획정 협상에도 불구하고 한국과 중국 간에 합의하지 못해서 지금도 이어도를 둘러싼 한 · 중 갈등은 계속되고 있다.

이어도는 섬인가?

이어도가 한국에서는 파랑도라는 이름으로 불리기도 하지만 법적으로는 섬이 아니다. 한국 정부도 이어도를 섬이라고 하지 않고 배타적 경제수역 내에 있는 수중 암초라고 하고 있다. 따라서 이어도나 파랑도라는 용어는 도(섬)라는 상징적 의미를 갖는다고 할 수 있다.

섬이란 안정된 대륙 지역에서 해면의 변화 혹은 완만한 조륙운동에 의해서 육지의 주변부가 바닷속으로 함몰하여 높은 부분이 튀어나와 대륙에서 분리된 것을 뜻한다. 이 정의에 비춰 보면 이어도는 섬의 범주에 해당하지 않는다. 하지만 해면 아래에 숨어 있거나 극히 일부분이 해면상에 나타날 경우도 섬이라는 뜻을 적용해 보면 이어도는 높은 파도가 칠 때 수중 암초 꼭대기가 보이므로 섬이 될 수도 있는 경계 지점에 있다.

섬은 물로 완전히 둘러싸인 땅으로서 대륙보다 작고 암초보다 큰 것을 말한다. 특히 사람이 살 수 없거나 살지 않는 섬은 무인도라고 한다.

세계에서 가장 큰 섬은 덴마크의 속령인 그린란드이다. 아시아에서 가장 큰 섬은 인도네시아와 말레이시아, 브루나이가 각각 분할 통치하고 있는 섬인 보르네오 섬이다. 중국에서는 하이난 섬이 가장 크고, 한국에서 가장 큰 섬은 제주도이다.

유엔해양법협약이란?

이 법은 1982년 4월 30일 유엔에서 채택되어 1994년 11월 16일 발효된 해양법에 관한 국제법으로, 우리나라는 1996년 1월 29일에 비준하였다.

유엔해양법협약은 영해의 폭을 최대 22㎞(12해리)로 확대하고, 370㎞(200해리) 배타적경제수역제도를 신설하여 부존광물자원을 인류의 공동유산으로 정의하고 있다. 주요 내용을 보면 해양오염 방지를 위한 국가의 권리와 의무를 명문화한 것이다. 이밖에도 연안국의 관할수역에서 해양과학조사시의 허가 등을 규정하고, 국제해양법재판소의 설치 등 해양관련 분쟁해결의 제도화를 담고 있다.

배타적 경제수역이란?

배타적 경제수역은 기본적으로 공해이므로, 그 어떤 나라에도 속하지 않는다. 그러나 자원의 채취 및 조사와 같은 제한적인 사안에 한해 연안국의 권리가 우선적으로 인정되는 곳이다. 접속수역과 달리 사법 처리를 위한 통제는 인정되지 않는다.

바다의 폭이 좁아 배타적 경제수역을 설정할 수 없는 경우에는 인접국 간에 협상을 통해 수역을 적당히 나눠 갖는데, 이는 각국의 이권과 직결돼 있기에 분쟁의 소지가 되기도 한다.

배타적 경제수역은 해양법에 관한 국제연합협약(UNCLOS)에 근거해서 설정되는 경제적인 주권이 미치는 수역을 가리킨다. 연안국은 유엔해양법 조약에 근거하여 국내법을 제정하는 것으로 자국의 연안에서 약 370km의 범위 내의 수산자원 및 광물자원 등 비생물자원의 탐사와 개발에 관한 권리를 얻을 수 있는 대신 자원의 관리나 해양 오염 방지의 의무를 진다.

그러나 영해와 달리 영유권이 인정되지 않아 경제 활동의 목적이 없으면 타국의 선박 항해와 통신 및 수송을 위한 케이블이나 파이프의 설치도 가능하다는 근거에 따라 한국은 이어도에 해양과학기지를 완공하였으나 중국은 2003년부터 이어도에 대한 분쟁지역화를 시도하고 있다.

이어도는 마라도에서 보면 중국 퉁다오보다 한국에 가깝다. 두 나라가 주장하는 유엔해양법상 배타적 경제수역이 겹치므로, 경계 획정이 필요하지만 한국은 2003년 해양과학기지를 가동하면서 실효적 지배를 하고 있다. 그러나 이어도가 전략적 요충지이자 자원의 보고라는 점 때문에 중국이 끊임없이 탐내고 있는 실정이다. 그러기에 제주도민들은 '이어도의 날'을 제정하여 이어도가 한국 영해라는 사실을 확실하게 각인시키려 하고 있다.

왜 이어도의 날을 조례로 제정하려 하나?

제주신문사가 주최한 제1회 '제주이어도축제 및 이어도 문화의 날' 선포식장에서 어스름한 늦여름의 정취를 뒤로 한 채 은은히 퍼져 나가는 '아기 상군 해녀'의 스토리는 이어도의 저 깊은 샘터까지 퍼져 나갔다.

이 이야기를 들어 보자. 할머니의 보살핌을 받으며 자란 아기 상군 해녀 장 씨의 어머니는 그녀가 태어나던 해 이어도에 물질하러 가 큰 전복을 따다 숨이 막혀 깊은 물속에서 숨을 거둔다. 그러나 할머니는 이어도에 어머니가 살고 있다며 그녀를 안심시킨다.

그러나 그녀는 어머니의 부재로 항상 슬픔에 잠기고, 차귀도 너머 이어도를 향해 어머니가 돌아오길 열망하는 호소에 행사장에 모인 청중들은 감동을 받았다. 그녀는 자신이 상군이 된 것은 이어도에 계신 어머니 덕택이라며 역전의 드라마를 연출했다.

제주 사람들에게 아련한 추억으로 남아 있는 섬, 설화의 섬, 제주해녀의 애환이 서려 있는 이어도를 보존하기 위하여 '이어도의 날'을 제정하려고 하는 것이다.

▣ 제주해녀

해녀란?

바닷속에 들어가서 해삼 · 전복 · 미역 따위를 따내는 것을 업으로 삼는 여자를 이른다. 제주에서 해녀가 문헌에 등장한 것을 보면 1105년(숙종 10) 탐라군의 구당사로 부임한 윤응균이 '해녀들의 나체 조업을 금한다.'는 금지령을 내린 기록이 있다. 조선시대 인조 때도 제주목사가 '남녀가 어울려 바다에서 조업하는 것을 금한다.'는 엄명을 내렸다. 이건의 『제주풍토기』에는 제주해녀들의 생활모습이 상세하게 묘사되어 있는데, 해녀들은 관가나 탐관오리들에게 가혹

하게 수탈당하고, 생활이 매우 비참함을 알려 준다.

제주의 여성들은 오래전부터 밭일과 바다 일을 겸해 왔다. 주로 해안 마을 아이들은 7~8세 때부터 바닷물에 드나드는데 12~13세가 되면 물질 연습을 한다. 15~16세가 되면 물질을 시작하여 비로소 해녀가 되고, 17~18세에는 본격적인 해녀로 활동한다. 이때부터 40세 전후까지가 가장 왕성한 활동시기이다.

그러나 최근에는 물질을 하는 현직 해녀들은 고령층이 대부분이다. 그러기에 제주해녀가 단종 직업이 될 수 있고, 이들이 생산하고 전승해온 해녀문화가 사라질 수도 있다고 보고, 무형문화유산으로 보호하자는 목소리가 높다.

참고로 최근 제주해녀 중 가장 나이 어린 해녀에 대한 언론의 보도(2015년 9월 25일 자) 내용을 간단히 소개하겠다.

「외딴섬, 자연 그대로의 모습을 간직한 추포도가 있다. 전기도 수도도 들어오지 않는 이 섬에는 정소영 씨네 가족 4명만이 살고 있다. 29살인 정소영 씨는 해녀로 등록되어 국내 최연소 해녀 자격을 인정받았다. 소영 씨는 학창시절 제주도 대표로 전국 대회에 출전해 메달을 딴 수영선수였다. 그러나 수영을 그만두고 집 안에만 지내는 소영에게 어머니는 반강제적으로 물질을 권했다. 소영 씨 어머니는 30년간 물질을 해오며 추포도 앞바다를 평정한 현직 해녀로 자식에게 물질 수업을 시켰다. 물때가 딱 맞아서 정소영, 지기심 모녀가 부지런히 물질하여 건져 올린 소라는 소영 씨는 31kg, 어머니 기심 씨는 39kg로 거의 맞먹는 수준이다. 초보자인 소영 씨의 실력이 상군 해녀인 어머니를 따라 잡을 날이 멀지 않은 듯하다. 제주시에 따르면 해녀 연령 분포는 30대 6명, 40대 44명, 5~60대 1,221명, 70대 1,015명, 80대 이상 296명으로 70대 이상이 51%를 차지한다.」

제주도에는 30세(2015년 기준)가 최연소 해녀이다. 예전 같으면 가장 왕성한 물질을 할 때이지만 그만큼 해녀라는 직종이 무던히도 어려운가 보다. 귀덕에 해녀학교를 만들어 해녀를 양성하고 있다.

제주해녀의 유네스코 인류무형문화유산 등재 가능성은?

유네스코는 정기적으로 세계유산 위원회를 열고 새로운 세계유산들을 지정하고 있다. 많은 나라들이 자기 나라의 문화재를 세계유산에 등록시키기 위해 노력하고 있다. 세계 유산에 등록되면 관광객들이 많이 찾아오고, 또 보존을 위한 국제적인 지원도 받을 수 있다.

유네스코(UNESCO) 인류무형문화유산 등재를 추진하고 있는 '제주해녀'가 단순히 고된 전문 직업군이 아니라 '여성성'으로 공동체를 이어가는 해녀문화라는 인식을 가져야 한다.

제주도와 한국 정부의 노력으로 2013년에는 제주해녀가 유네스코 인류무형문화유산 한국 대표 목록에 선정되었으며, 2016년 11월 등재를 목표로 세계적으로 적극적인 홍보활동을 펼치고 있다.

세계무형유산은?

2001년부터 유네스코는 소멸 위기에 처한 문화유산의 보존과 재생을 위하여 구전 및 무형유산을 확인 · 보호 · 증진할 목적으로 선정한 가치 있고 독창적인 구전 및 무형유산을 등재하고 있다.

세계무형유산은 2년마다 유네스코 국제심사위원회에서 선정한다. 선정 대상은 인간의 창조적 재능의 걸작으로서 뛰어난 가치를 지니고 문화사회의 전통에 근거한 구전 및 무형유산으로, 언어 · 문학 · 음악 · 춤 · 놀이 · 신화 · 의식 · 습관 · 공예 · 건축 및 기타 예술 형태를 포함한다.

세계무형유산에 등재된 대표 목록에는 중국의 곤극(2001), 캄보디아의 왕실무용(2003), 인도의 산스크리트어 연극 쿠티야탐(2001), 인도네시아의 그림자 인형극 와양(2003), 일본의 노가쿠(2001), 이라크의 마캄(2003), 모로코의 제마엘프나 광장 문화공간(2001), 예멘의 사나의 노래(2001), 아제르바이잔의 전통음악 무감(2003), 벨기에의 뱅슈 사육제(2003), 이탈리아의 시칠리아 전통인형극 푸피(2001), 라트비아의 발트 지역 가무축제(2003), 아르헨티나의 탱고(2009) 등이 있다.

한국의 세계무형유산 등재 목록은?

- 종묘제례 및 종묘제례악(2001년): 조선왕조 역대 임금과 왕비의 위패를 모신 종묘에서 제사를 드릴 때 의식을 장엄하게 치르기 위하여 연주하는 기악과 노래, 춤을 말한다.

• 판소리(2003년): 민속악의 하나로 광대의 소리와 그 대사를 총칭한다.
• 강릉단오제(2005년): 강원도 강릉시에서 단옷날을 전후하여 서낭신에게 지내는 마을 굿이다.
• 강강술래(2009년): 중요무형문화재 8호이다. 전통적인 전승지역은 한반도의 서남부 지역이다.
• 남사당놀이(2009년): 중요무형문화재 제3호로, 조선후기 남사당패가 농·어촌을 돌며 주로 서민층을 대상으로 했던 놀이이다.
• 영산재(2009년): 중요무형문화재 제50호이다. 한국불교태고종 '봉원사'를 중심으로 전국 사찰에서 초종파적으로 거행되고 있다.
• 제주칠머리당영등굿(2009년): 중요무형문화재 제71호로 제주시 건입동에 있는 칠머리당에서 영등신을 위한 굿을 가리킨다.
• 처용무(2009년): 중요무형문화재 제39호이다. 궁중무용 가운데 유일하게 사람 형상의 가면을 쓰고 추는 춤으로 가면과 의상 음악 춤이 어우러진 무용예술이다.
• 가곡(2010년): 중요무형문화재 제30호이다. 가곡은 시조시(우리나라 고유의 정형시)에 곡을 붙여서 관현악 반주에 맞추어 부르는 우리나라 전통음악이다.
• 대목장(2010년): 중요무형문화재 제74호이다. 우리나라에서는 나무를 다루는 사람을 전통적으로 '목장', '목공', '목수'라 불렀다.
• 매사냥(2010년): 매사냥은 매를 훈련하여 야생 상태에 있는 먹이를 잡는 방식으로, 그 전통이 4000년 이상 지속되고 있다.

• 택견(2011년): 중요무형문화재 제76호이다. 우리나라 전통무술의 하나로, 유연한 동작으로 손과 발을 순간적인 탄력으로 상대방을 제압하고 자기 몸을 방어하는 무술이다.
• 한산모시 짜기(2011년): 중요무형문화재 제14호이다. 한산모시는 한산에서 만드는 모시로 예로부터 다른 지역에 비해서 품질이 우수하며 섬세하고 단아하여 모시의 대명사로 불리어 왔다.
• 줄타기(2011년): 중요무형문화재 제58호이다. 공중에 맨 줄 위에서 재미있는 이야기와 발림을 섞어 가며 갖가지 재주를 부리며 벌이는 놀음이다.
• 아리랑(2012년): 한국의 대표적인 전통 민요의 하나이다. 전국에 고루 분포되어 있을 뿐만 아니라 해외에도 널리 퍼져 있다.
• 김장문화(2013): 엄동 3~4개월간을 위한 담근 김치를 보통 김장김치라고 한다.
• 농악(2014): 농악은 '농사를 지을 때 사용하는 음악' 이라는 뜻이다.

유네스코(UNESCO) 세계유산이란?

유네스코가 '세계 문화 및 자연유산 보호 협약'에 따라 지정한 유산이다. 세계유산위원회가 세계유산협약에 따라 인류를 위해 보호해야 할 가치가 있다고 인정하여 유네스코 세계유산일람표에 등록한 문화재를 말한다. 세계유산은 문화유산 · 자연유산 · 복합유산으로 분류한다.

먼저 세계유산에는 세계적으로 매우 중요한 가치를 지닌 유적지 · 사찰 · 궁전 · 주거지 등과 종교 발생지 등이 포함된다.

그리고 자연유산에는 무기적 · 생물학적 생성물로 이루어진 자연의 형태, 지질학적 · 지문학적 생성물, 멸종 위기에 처한 동식물의 서식지, 세계적 가치를 지닌 지점이나 자연지역을 대상으로 한다.

마지막으로, 복합유산은 문화유산과 자연유산의 특성을 동시에 충족하는 유산이다.

세계유산의 대표 목록은?

- 캄보디아의 앙코르 와트(세계문화유산): 앙코르는 9세기부터 15세기까지 크메르 제국의 수도였던 지역의 이름이고 '와트'는 크메르 어로 '사원'이란 뜻이다. 인간이 만들었다고 믿기 힘들 만큼 웅장하고 아름다운 건축물들이 약 400㎢의 정글 속에 펼쳐져 있다.
- 브라질의 이구아수 국립공원(세계자연유산): 세계에서 가장 큰 폭포인 이구아수 폭포는 브라질과 아르헨티나의 경계에 있다. 이구아수 폭포는 미국의 나이아가라 폭포보다 더 웅장하다.
- 페루의 마추피추 역사 보호지구(세계복합유산): 마추피추는 잉카 문명이 남긴 문화유산인데, 안데스 산맥의 고도 2,430m에 위치해 있다. 맞추피추는 '공중도시'라고도 불리는데, 아래쪽에서 보면 절벽과 밀림에 가려서 전혀 볼 수 없고 오직 공중에서만 전체적으로 볼 수 있다. 산의 정상과 가파르고 좁은 경사면에

큰 돌들을 쌓아 건축물을 세웠는데, 태양의 신전, 계단식 논, 배수시설, 주거지, 해시계, 피라미드 등의 유적이 남아 있다.

한국의 세계문화유산은?

- 석굴암과 불국사(1995년): 석굴암은 불상을 모신 석굴이며, 불국사는 사찰 건축물이다.
- 종묘(1995년): 조선 시대 역대 왕과 왕비의 신위를 모시고 제사를 지내는 사당이다.
- 해인사 장경판전(1995년): 13세기에 제작된 팔만대장경을 봉안하기 위해 지어진 목판 보관용 건축물이다.
- 화성(1997년): 경기도 수원에 있는 조선 시대의 성곽이다.
- 창덕궁(1997년): 조선 시대의 궁궐이다.
- 경주 역사 지구(2000년): 신라의 천년 고도인 경주의 역사와 문화를 담고 있는 조각, 탑, 사지, 궁궐지, 왕릉, 산성을 비롯해 신라 시대의 여러 뛰어난 불교 유적과 생활 유적이 집중적으로 분포되어 있다.
- 고창 · 화순 · 강화의 고인돌(2000년):거대한 바위를 이용해 만들어진 선사시대 거석기념물로 무덤의 일종으로 선사시대 문화를 집약적으로 보여 준다.
- 제주 화산섬과 용암 동굴(2007년): 세계적 규모의 천연동굴과 멸종위기종의 서식지가 분포하는 제주 화산섬과 용암 동굴은 거문오름용암동굴계, 성산일출봉 응회구, 한라산의 총 세 구역으

로 구성되어 있다.

- 조선 왕릉(2009년): 조선왕조를 대표하는 건축양식이자 현재까지도 제례의식이 거행되는 중요한 유적지이다.
- 한국의 역사마을 하회와 양동(2010년): 500여 년 동안 엄격한 유교의 이상을 따랐던 조선 시대의 문화를 가장 잘 보여 주고 있다.
- 남한산성(2014년): 조선시대(1392~1910)에 유사시를 대비하여 임시 수도로서 역할을 담당하도록 건설된 산성이다.
- 백제역사유적지구(2015년): 백제 왕국의 고유한 문화, 종교, 예술미를 보여 주는 탁월한 증거이며 이를 일본 및 동아시아로 전파한 사실을 증언하고 있는 세계유산이다.

제주도 세계문화유산이란?

칠머리당굿으로 1980대에 국가지정 중요무형문화재 제71호로 지정되었다. 건입동은 현재 제주의 관문인 제주항 인근 마을로서 어업과 해녀작업이 성행하던 마을이었다. 건입동의 본향당이 있던 곳의 지명이 속칭 "칠 머리"여서 칠머리당으로 부르게 되었다.

칠머리당굿이 국가지정 중요무형문화재로 지정된 것은 바람의 신인 영등신과 관계된 독특한 신앙문화를 간직하고 있기 때문이다. 영등신은 2월 초하루에 제주 섬을 찾아와서 어부, 해녀들에게 생업의 풍요를 주고 2월 15일에 본국으로 돌아간다는 내방신이다.

칠머리당에서는 음력 2월 1일 영등신을 맞이하는 영등환영제와

음력 2월 14일 영등신을 치송하는 영등송별제를 행하는 당굿을 한다. 영등굿은 2009년도에 유네스코 세계무형문화유산 대표 목록으로 등재됨으로써 그 가치가 세계적으로 공인되었다.

▣ 숨은물뱅듸

숨은물뱅듸습지란?

숨은물뱅듸습지는 람사르습지로 지정돼 야생생물 서식 중인 '제주의 보물'로 우뚝 서게 되었다. 2015년 5월 22일 환경부는 '2015년 생물다양성 및 습지의 날'에 람사르협약 사무국이 제주 습지(숨은물뱅듸)를 람사르습지로 인정하는 기념식을 열었다.

숨은물뱅듸는 한라산 산록의 완사면에 위치한 습지다. 지표수와 화산쇄설물, 라하르에 의해 형성된 산지습지이다. 이 습지에는 멸종위기 야생생물 2급의 자주땅귀개, 천연기념물로 지정된 두견 등 490종 이상의 야생생물이 서식하고 있다.

'람사르습지 숨은물뱅듸'는 오름에 둘러싸인 웅덩이 형태의 완만한 사면에 형성된 산지습지라고 할 수 있다. 물웅덩이, 양지바른 습초지, 나지, 단편화된 수목식생섬, 낙엽활엽수림대 등의 다양한 환경 속에 종 다양성이 매우 뛰어난 것으로 평가된다.

람사르습지란?

대표적이고 희귀하거나 독특한 습지 유형을 포함하는 지역 또는 생물다양성 보전을 위해 국제적으로 중요한 지역을 대상으로 습지로서의 중요성을 인정받아 람사르협회가 지정·등록하여 보호한다. 람사르협회는 '물새 서식지로서 중요한 습지보호에 관한 협약'인 람사르협약에 따라 중요성을 가진 습지를 보호하고 있다.

등록 대상은?

람사르협약 제1조에는 습지 등록 대상으로 연안습지·내륙습지·인공습지로 구분하고 있다. 썰물 때 6m가 넘지 않는 바다지역 등도 등록 대상이 된다.

2008년 10월 28일~11월 4일 기간 동안 경남 창원에서 개최된 '제10회 람사르 총회'에서 한국과 일본이 공동으로 발의한 '논 습지 결의안'이 채택됨에 따라 논도 공식습지 등록 대상이 되었다.

람사르협약에서 규정한 습지의 범위는 자연적, 영구적, 임시적, 인공적이든 물이 정체되어 있든 아니든 관계없이 소택지, 습원, 이탄지 또는 물로 된 지역(갯벌, 호수, 하천, 양식장, 해안가의 논 포함)까지 포함한다.

세계에서 가장 큰 습지는 세계자연유산으로 지정되어 있는 브라질의 판타날습지다.

람사르협약이란?

이는 습지의 보호와 지속가능한 이용에 관한 국제 조약이다. 공식 명칭은 '물새 서식지로서 특히 국제적으로 중요한 습지에 관한 협약'이다. 한국은 101번째로 람사르협약에 가입하였다.

농경지 확장, 제방건설, 갯벌매립 등으로 습지가 지속적으로 감소하여 현재 전 세계적으로 50% 이상의 습지가 소실되고 있는 상황에서, 습지는 생태학적으로 중요하며 인간에게 유용한 환경자원이라는 인식하에 습지에 관한 국제협약의 필요성이 대두되었다.

람사르협약이 생태 · 사회 · 경제 · 문화적으로 커다란 가치를 지니고 있는 습지를 보전하고 현명한 이용을 유도함으로써 자연 생태계로서 습지를 인류와 환경을 위하여 체계적으로 보전하고자 하는 것을 목적으로 한다.

「습지보전법」에 의하면 '습지'란 담수, 기수 또는 염수가 영구적 또는 일시적으로 그 표면을 덮고 있는 지역으로서 내륙습지 및 연안습지를 말한다. '내륙습지'는 육지 또는 섬 안에 있는 호 또는 소와 하구 등의 지역을 뜻한다. '연안습지'는 만조 시에 수위선과 지면이 접하는 경계선으로부터 간조 시에 수위선과 지면이 접하는 경계선까지의 지역이다.

한국 람사르습지 현황은?

2015년 현재 람사르협회에 등록된 한국 람사르습지는 대암산 용늪(1997년), 창녕 우포늪(1998년), 신안 장도습지(2005년), 순천만 보성갯벌(2006년), 제주 물영아리오름(2006년), 울주 무제치늪(2007년), 태안 두웅습지(2007년), 전남 무안갯벌(2008년), 강화 매화마름군락지(2008년), 오대산국립공원습지의 질뫼늪 · 소황병산늪 · 조개동늪(2008년), 제주 물장오리오름(2008년), 충남 서천갯벌(2009년), 제주 한라산 1100고지 습지(2009년), 전북 고창 · 부안갯벌(2010년), 제주 동백동산습지(2011년), 전북 고창 운곡습지(2011년), 전남 신안 증도갯벌(2011년), 서울 한강 밤섬(2012년), 인천 송도갯벌(2014년), 제주 숨은물뱅듸(2015년), 강원 한반도습지(2015년) 등 총 21곳이 있다.

▣ 생태관광

생태관광이란?

탐방자들이 지역의 생태계 또는 문화를 손상시키거나 회복하기 어려울 정도의 영향을 주지 않고, 지구를 탐방하여 자연과 문화를 이해 · 감상할 수 있도록 적절한 배려를 취한 환경적으로 건전하고 지속가능한 관광을 말한다.

생태관광을 위해서는 그 지역 및 주변의 문화유산에 대한 배려와 함께 탐방자 수를 일정하게 유지하는 등 자연보호지구의 수용능력을 감안해야 한다.

생태관광은 일반관광에 비해 체류일수가 대개 2~3배 길며, 관광지역이 한 지역에 편중되지 않고 전체적으로 분산되기 때문에, 관광수입도 높으며 지방의 전기, 전화, 도로 등 공공서비스 부문의 투자도 골고루 이루어지게 된다.

생태관광이 주는 이로운 점은?

생태관광은 농촌지역의 직·간접적인 고용창출에도 도움이 되며 지역주민의 자연보전 의욕을 북돋아 줄 수 있다. 이 관광은 큰 자본을 필요로 하지 않는다. 그러므로 지역주민들은 생태관광객을 대상으로 보트나 나룻배를 운영하거나 말을 대여해 줌으로써 생계를 해결할 수 있다.

생태관광은 관광이 국가산업의 주요한 부문을 점하는 코스타리카, 호주, 영국 등에서는 오래전부터 보편화되어 있다. 대규모 콘도와 리조트를 개발하여 동계올림픽을 유치하였던 프랑스의 알베르빌은 환경파괴로 올림픽 이후 관광객이 감소하여 지역경제가 크게 침체되었다.

반면 환경보전 위주로 동계올림픽을 치룬 노르웨이의 릴레함메르는 잘 보전된 환경으로 여전히 많은 관광객이 몰려들어 지역경제가 융성하고 있다. 케냐의 경우 야생동물에 대한 수렵보다는 생태관광이 더 높은 경제적 이윤을 보장하기 때문에 생태관광을 장려한 결과, 관광수입이 소 사육을 통해 얻은 수입보다 162배나 많았다고 한다.

관련 법령은?

「자연환경보전법」이 있다. 생태적으로 건전하고 자연친화적인 관광, 즉 관광객이 자연 보전을 주요 테마로 삼은 관광을 하고 그로 인한 수익은 관광지의 생태계 보전을 위해 사용하는 관광의 한 형태를 말한다. 환경부장관은 생태적으로 건전하고 자연친화적인 관광을 육성하기 위해 문화체육관광부장관과 협의하여 지방자치단체·관광사업자 및 자연환경의 보전을 위한 민간단체에 대하여 지원할 수 있다.

또한 환경부장관은 문화체육관광부장관 및 지방자치단체의 장과 협조하여 생태관광에 필요한 교육, 생태관광자원의 조사·발굴 및 국민의 건전한 이용을 위한 시설의 설치·관리를 위한 계획을 수립·시행하거나 지방자치단체의 장에게 권고할 수 있다.

생태관광의 목적은?

생태관광은 자연경관을 관찰하고 야외에서 간단한 휴양을 하면서 자연을 훼손하지 않는 관광에 기원을 둔다. 그러나 자연경관을 단순히 관찰하는 관광도 수요가 늘어나 자연 생태계를 훼손하게 되면서 자연과 유적, 지역의 문화를 보호하면서 동시에 지역주민들에게도 관광의 이익을 얻을 수 있도록 하자는 사회적 요구에 부응하는데 그 취지가 있다.

관광의 기본적인 목적을 새로운 장소와 공간에 대한 호기심 충족, 휴양과 재충전에 둔다면, 생태관광은 이러한 목적 외에 자연에 대한 적절한 학습을 통해 지적 만족감과 자연을 보호한다는 개인적인 보람도 느낄 수 있는 관광이다. 또한 관광의 대상 지역을 지속적으로 보존할 수 있는 관광의 방식이라 할 수 있다.

생태관광은 생태계 혹은 자연환경 보호의 관점을 중시하면서도 잘 보존된 자연환경을 관광하는 데 비중이 큰 반면, 지속가능한 관광은 생태계와 자연환경을 어느 정도 유지하면서 지역 주민과 지역사회, 그리고 관광산업의 발전을 함께하자는 개념이다.

그리고 '대안관광'은 생태관광보다 더 폭넓은 개념이다. 이는 오늘날 보편화된 패키지 형태로 많은 일반시민들이 즐기는 대중관광에 대응하는 관광의 방식이다. 대안관광은 생태관광을 비롯한 녹색관광, 연성관광, 책임 있는 관광, 저 영향 관광, 고유한 관광, 신관광, 느린 관광, 체험관광, 체류관광, 지역관광, 자연관광, 농촌관광, 답사관광, 모험관광, 지리관광 등 다양한 명칭과 개념의 관광들이 포함된다.

대중관광은 일반 시민들이 다양한 관광 형태와 방식으로 일상과 다른 자연과 문화를 비교적 저렴하게 즐기려는 목적이 있다. 현재에 와서는 대중관광이 대부분을 차지하고 있으나 이러한 개념은 생태 관광, 지속가능한 관광, 대안관광을 덜 고려하는 관광이라는 뜻이다. 여기에 대응하는 관광이 생태관광, 지속가능한 관광인 대안관광이라고 할 수 있다.

대중관관은 자연환경의 파괴, 문화유적의 훼손, 지역사회 전통의 훼손, 관광지 지역민의 경제적인 박탈감, 대규모 관광산업의 에너

지와 자원의 낭비 등의 문제점을 지니고 있다. 그래서 이에 대한 반성을 토대로 1980년 후반부터 대안관광이 등장했다.

대안관광은 산업으로 입지가 굳어지면서 관광객을 대상으로 관광산업과 지역사회와 공공단체, 그리고 환경관련 단체들이 서로 견제하고 보완하면서 발전하고 있다. 즉 관광의 사회적 목적과 경제적 목적이 환경적 목표와 조화를 이루고 있다.